人真要比，就和自己比，

比过去，比动力，比态度……

和自己比出来的，

才是自己真正的价值。

人生需要自律，但是一定要把握好度。千万别用极度自律给自己画出一个框子，把自己框进去！人生最美的那部分，往往正是我们无法掌控，然而却心中期望的未知！

让自己变得更好，不是为了遇见更好的自己，而是找到真正的自己！

任何时候都不要觉得自己的生活一团糟，

其实，当我们回头一看，

原来自己的人生美如画。

焦虑并不是一件毫无用处的坏事，焦虑能促使着每个人想方设法地努力进步。躲避焦虑最好的办法，就是咬紧牙关主动出击。

对于一个人来说，真正的完美，就是学会接受缺憾，活成自己，而不是改掉缺憾，变成千篇一律！

这世上最悲哀的事情，不是做一辈子的穷人，而是终于有了钱之后，过得还像一个穷人。

人生最好的境界，是不再需要倾尽所有的活着，可以悠悠然地看着别人在你眼前炫耀攀比，而你不再需要竭尽全力地去兜售自己。

所谓算了，既往不咎的，

并不是世事不平，

而是自己对自己的宽恕。

人活着并不仅仅只有花香鸟语，更有许多挫折与打击，在很多的时候，比死更难的是活下去。死是一种懦弱，活着才是一种责任和担当。

挑战自己，证明自己，更多地挖掘自己的价值，
把自己的一辈子活出几辈子的宽度和厚度，
这样的人生才最有意义。

有实力，才有底气

卢璐——

著

中国友谊出版公司

目录CONTENTS

·
·
·

第一章

只要在路上，
随时都要加速

·
·
·

Ø

你无路可退，只有奋力提升自己

我去参加了一个小型分享会，主题是"今天社会中独立女性的标准和成长"，到场的自然都是女性。

结束之后，有个穿着法式 V 领，青苔绿茶歇裙，涂着红唇的美美的姑娘跑来问我："卢璐姐，我要不要辞职去国外读书啊？"

我和她聊了起来。她今年 28 岁，一本大学毕业，英文六级，准备秋天去考雅思，平常还要学法语，目前在一家上市公司事业部就职，表现出色已经开始带团队了。

我有点奇怪："你现在正处于事业的上升期，如果出国读书，一切资源都要从头开始啊！为什么会有这种想法呢？"

她说："我越工作，遇到优秀的人越多，越觉得自己无知，需要提高自己。我觉得，我的人生好空白啊！真焦虑！"

哦，我明白了，我统一把这个叫作"优质女性自我成长焦虑症"。

在今天这个城市里，我每次出门，无论是读书还是分享，或者是参加某种活动，只要涉及一点自我补充和丰富成长，进门就会发现，到处都是姑娘，而男生罕至。

开始我以为是我选的活动过于女性化，可当我参加了法国红酒品鉴和"发现上海"的徒步活动之后，发现参加活动的还是以女生为主，男生都是陪老婆或女友来的，捏着手机，全程负责拍照。

男人都去哪儿了？

工作日，高峰期的地铁或者办公楼下，穿着西装等电梯的上班族们，完全不会觉得男女比例特别失调啊？为什么到了下班或者周末，男人们就统统消失了呢？

就好像女人们不用上班，不会疲惫，工作之后，还有百分百的精力，让自己朝着阳光快速成长。

而且成长之后，还一定要晒出来，朋友圈里晒富、晒娃、晒旅行、晒厨艺之外，晒成长逐渐成为风头正旺的时尚。

如果不知道自己欠缺什么，很容易，打开任何一个APP，都能把女人需要不断提升自己的方方面面，从头发丝到指甲盖，列得整整齐齐。

成长，是一件好事。然而，自我需要的成长和被外界刺激下，盲目、慌不择路、焦虑的成长，完全是两码事儿。

在如火如荼的在线教育的蓝海里，有人喊出让每个女人发虚的声音——提升自己，这根本就是对于女人施加的一种强大压力：

你需要成长，因为你不够强大；你需要成长，因为你先天不足；你需要成长，因为你后劲不够……字字见血，刀刀见肉，被挑剔得体无完肤。

于是，成长就成了女人的刚需。

因为，从社会学角度上来说，女性比男性更有集体性和善于接受学习；从成年人的行为态度上来说，男性向来把自己看高，而女性向来把自己看低。

所以，周末的时候，男人都可以心安理得地跷着脚，玩游戏，即使领导电话追过来，他们笑眯眯地说："这是要表扬我昨天做的表格啊！"

而女人呢？人还没有从床上爬起来，就已经开始焦虑了：我的表格不如 Linda；我长得没有 lucy 好看；我没有 Emma 会来事儿……啊呀！我怎么跟人家 Isabella 比，人家静安有三套房子……

真的，和男人比起来，女人活得真是太累了，什么时候女人能没心没肺地抱着胳膊说："比我好的人，已经比我好了；比我差的人，已经比我差了；我就是我，没有参照，没得可比。"

然而那些拼命跟风提升自己的女人，真的会让自己"更好"起来吗？

别人去学英语了，我也报名；别人每天跑步，我也去跑步；别人学插花、茶艺看起来非常高大上，我也参与……

结果是，三分钟热度之后就放弃了，只会更加全方位证明自己的无用和无力，使得挫败感更加强烈。

我还见过特别能跟自己较真的人，就算不喜欢，但也跪着坚持下去。

可在整个参与过程中，她都是不快乐的，即便费尽九牛二虎之力后，只不过是活成了别人期待的样子。仅此而已，有什么意义呢？

请注意，我并不是在宣扬自我放弃，我的主张是要目标明确，有选择性地提升自己！

变瘦、变美、变有钱、变强大……任何的改变，最重要的是，在这个过程中自己是不是获得快乐，这才是最真实的意义。

子曰："四十而不惑。"夫子明鉴。

这一年，我突然就静了下来，不再那么热衷跟风，美其名曰地"提升自己"。

我想与每个正在惶恐和焦虑的女人，分享几点关于成长的建议，让自己变得更好，并不是为了遇见更好的自己，而是先找到真正的自己！

一定要学会浪费时间。

时间计量我们人生中最关键的指标，从小我们每个人都在背诵"一寸光阴一寸金，寸金难买寸光阴"，从小到大，我们被灌输太多浪费时间是可耻的概念。成年之后，每个人都已经不再会安排自己的时间。

我说要浪费时间，并不是在鼓励你可以从早到晚，躺在床上连刷抖音十多个小时，如果你真的这么做了，结果一定是头晕眼花，心情沉闷到恶心。

对我来说，我们要学会浪费时间，是要有个刻度，那就是以自己心情愉悦为限度，在茶余饭后，谁还没个刷一小会儿抖音的习惯，哈哈一笑来放松一下未尝不可。

浪费时间，更深的一层是不要心情焦虑地逼着自己奋力向前奔跑。人生是正向的，我们总要奔跑。可是如果在某年某月某日，如果你感到难过、沮丧、无助的时候，那就给情绪放个假吧！允许自己脆弱一下，发一会儿呆，而不必受到焦虑的责罚。

请记住，每个人的时间是有限的，而我们是有绝对权的全权负责人，我们要把自己的时间安排好。

一定要做个有需求的女人。

我们是女人，是妻子，也是母亲，一家人的吃喝拉撒，孩子的兴趣班，老公的鞋袜，爸妈的体检……每个细节都不是小事，因为每个小事都可能变成疾风暴雨。

可是，想过吗？自己呢？

我就是这样的一个女人："牛肉不够了，你们先吃，别管我；被子太短了，你先盖，别管我；钱不够了，你先花，我再等等；……"

我们以为，我们可以等，我们可以撑，我们可以无限奉献，可事实上，我们每一次的容忍和退让，都是一次无声无息，却血淋淋的自损。

柴米油盐酱醋茶，对于女人最残忍的改变并不是被油烟熏黄的容貌，而是在日复一日中，渐渐变得没有了存在感，到最后连自己也不敢为自己发声，可自己就在那里。

讲出自己的需求和想法，摆明自己的立场，把自己和孩子、老公、父母，以及公婆要求，一碗水端平。

一起讨论，同进同退，一个和谐的人生最重要的因素是，涉及的每个人，都彼此尊重，而主核只有一个：不要虚化自己的需求，尊重自己。

学会接纳这个世界的不完美。

每个女人都是天生的完美主义者，希望将任何事情做到100% 完美，无论是对别人，还是对自己。

尤其对自己，总是有诸多的要求，要不停地成长和改变，以成为更好的自己，但却无法接受自己的不完美。

对于老公和孩子，也是同样的姿态。我见过不少女人，把老公叠好的衣服，拿出来重叠，把老公洗刷的碗筷，拿出来再洗一遍，是老公做得不好吗？也不完全是，只是他做的结果不符合女人的要求而已。

当然，在人生中，我们不能永远不要求别人，任凭随便，但是在人生中，学会接纳这个和自己最初设想不完全一致的结果，也是一个非常重要的成长过程。

这甚至比逼迫自己成长为更好、更精确、更完美的自己更加有意义。在这个世界里，我们要做的永远都是寻趣共处一起成长，而不是通过复制来掩盖。

一定要找到自己真正喜欢的东西。

一个把家庭经营和布置得再完美的女人，价值也仅仅只限于家庭，就算是能把孩子都送上常青藤学校，她也只不过是个母亲。

对于一个女人来说，母亲是人生中最重要的一个角色，但并不是自己的身份，自己的身份永远是个女人，那么在自己的人生中，一定要一些有关自己的成分！

对我来说，看孩子，照顾家庭，即使做得再开心，那也不是自己的爱好。相反，烘焙、收纳、室内布置等是我喜欢的，如果把这些发扬光大，这才可能成为自己的价值所在。

只要还活着，一切都不会迟。老年大学里，每个学习弹琵琶、古筝的老头老太太，都学得津津有味，一丝不苟。他们都不嫌迟，你又怕什么呢？

在单调的日常生活中，一定要有自己真心喜欢的东西，这是对自己能力维度的提升和扩充，而不是为了讨好上级，不是为了取悦丈夫，仅仅因为自己喜欢，所以可以实打实地赋予你最真切的快乐！

在这里我只是想说，生为女人，我们并不需要过分抱歉，我是不完美的，但我愿意全心向好，一心向善，我的成长不需要别人的指导，我可以接纳自己的不完美。

其实，人生中最大的成长，就是放弃一味地诋毁自己，认为自己无限度地需要成长。

炫耀是你没有修养，攀比是你找不到价值

到了法国第二年，我喜欢上了一块瑞士手表，1500 法郎，不到 2000 元。虽然不是天价，但是对于穷得叮当响的学生来说，也不是想买就能买得起的。

我的生日就在情人节过后一个星期，我在明里暗里做了好多铺垫，终于在生日那天收到了男朋友的一份礼物，打开真的是一份"惊喜"，我爱了很久的那块手表，就静静地躺在天鹅绒的盒子里。

第二天，我带着手表去大学上课。我和倩姐不在一个班，校园里面也没有碰上她。下了课，我就跑去倩姐家。倩姐和她男朋友都在。冬天穿的毛衣很厚，为了展示我的手表，我刻意说"你家好热啊！"，把袖子往上拉了又拉，有意露出我这块新手表。

倩姐马上看到了，有点吃惊地说："你买了？"

作为我到了法国后关系最铁、相依为命的闺蜜，倩姐自然知道我对这块手表已经心仪很久了。每次走过表店，我都会拉

着她去看半天。每次我们都像乡下姑娘第一次进城一般，趴在橱窗的玻璃上，叽叽喳喳指手画脚讨论很久，然后再叽叽喳喳地离开。

从那之后，我就讨厌全天下的橱窗，冰冷的玻璃，挤得变形的脸，倒映出我寒酸的模样。

所以，当倩姐终于问我的时候，我嘴巴都要咧到耳朵根了说："这是我的生日礼物。"

活在这个世界上，小女人的幸福有很多种，其中最甜蜜的那种一定是：喜欢上一个自己买不起的东西，然后有人买来送你的惬意。

倩姐的男朋友也凑过来，我"大方"地摘下来给他看。他说，当年他去瑞士的时候，见过这个牌子的手表专卖店，已经有上百年的历史了。

我一听更高兴了，美得冒泡泡，完全没有照顾到倩姐已经沉下去的脸。炫耀完毕，我就心满意足，屁颠屁颠地回了家。

第二天上午，我在学校走廊里面碰到了倩姐，吃了一惊。倩姐脸色非常不好，蜡黄蜡黄的，眼睛肿成一条缝，蓬头散发地抱着一叠书，站在教室门口等着上课。

我去叫她："倩姐！"

她正在走神，没听见。我又叫了两声还是没有反应，我只好走上前去拍了拍她的肩头，她这才吓一跳似的回过神来，转头一看是我，眼圈顿时红了。

"你怎么了？"我问。

"我们吵架了，吵了一整夜，他今天早上五点钟从家里走了，电话也不接……"倩姐停顿了一下说，"我受够了，我要和他分手！"

"你们昨天不是还好好的吗？"

"昨天？"倩姐眼泪一下子就掉下来了说，"你还有课吗？我也没心上课了，咱俩找个地方说吧！"

我们去了大学的咖啡厅。上课的时间点，这里没多少人。

"昨天你一走，我们两个就吵起来了。我过生日他就送玫瑰，仅仅一支……"倩姐苦着脸，五官跟包子一样挤成一堆，气愤无比地诉说了一个小时。

地中海冬日的阳光透过巨大的落地窗射进来，刺得我睁不开眼。我看着眼前哭得如猪头一样的倩姐，心中很懊悔。我恨不得当场扇自己一个大嘴巴子，只因为自己没有底线，没有操守的炫耀。

我知道他们的问题冰冻三尺非一日之寒，但是我比所有人都知道倩姐也特别喜欢那块手表，而我按捺不住我的虚荣心，专程跑去炫耀。我甚至虚荣到没有敢告诉倩姐，冬季打折，这块手表被打了五折。

炫耀如果是一把剑，能刺痛的只有身边最亲近的人。在初到国外，迷茫无助、心灰意冷的日子里，倩姐不仅仅是一个朋友，更像是我的好姐姐，我是真心实意地爱她，我不想让她痛。

倩姐还有课，到点她就走了。我继续在咖啡厅里呆坐很久。

炫耀其实是在有意夸大自己，引起别人的注意，让别人羡慕或者嫉妒自己。事实上，爱炫耀的人都是长了一颗自卑的心。潜意识中是自己觉得自己不行，才会自吹自擂，通过让别人改变对待自己的态度，确认自己，肯定自己，证明自己。

如果说内敛是一种修养的话，炫耀就是一种不上道的肤浅。炫耀根本就是站在高台之上，自己向众人展示自己的弱点。

那个炫耀自己考试成绩的人，是因为平常都考不好。

那个炫耀自己有了 LV 的人，是因为 LV 平时消费不起。

那个炫耀自拍照的人，是因为自己不用美颜拍照没法看。

那个炫耀自己出国旅行的人，是因为很少有机会出国旅行。

那个炫耀自己老公有钱的人，是因为麻雀飞上枝头变凤凰，自己压根没钱。

从那天起，我在我的人生里刻下了这个准则：

在这个现实的世界里面，没有人是傻子，也没有人眼瞎。与其口喷唾沫地去奋力炫耀，不如奋力变成那个自己希望变成的自己。

事实上，再卑劣的人也会有臭味相投的朋友。炫耀也有一个形影不离的"闺蜜"，名字就叫作"攀比"。人在江湖，身不由己。我可以控制自己不去炫耀，但是我不能控制别人不跑来拉我入局，相互攀比。

刚回国内的时候，请了两家朋友来喝下午茶。有一个朋友的老公职位高一些，另一个做了些回报率很高的投资，家庭殷实。

喝茶的时候，有朋友的太太看了一眼手机，收到一份邮件，有一家家具店要撤店了正在搞清仓打折活动。

这家家具店的老板是圈子里的某位太太，虽小小一间，但在圈内很有名，也很贵。那两位太太一听立马就要去看，生怕好东西都被别人抢走了似的。于是，三个女人去购物，三个男人在家照看孩子。

虽然全场都在打五折，可是打了五折还是很贵。当然了，其实这个贵也是相对的，主要还是我自己没钱。总之看半天，我只给思迪买了个小板凳。

两位太太哪里是在买东西，根本就是在互掐。

"我要这个。"

"那我也要这个。"

"好吧，给我加上这个。"

更有："哎，你看这个挺好，特适合你家客厅啊。"

"哎，真的是不错。我要，不过我要个更大的。"

等她们两个横扫了整个家具店，转头才想起了我。然后，开始两个人一起，同仇敌忾对我展开围剿。

"卢璐，你买什么了？"

"我觉得，你家客厅里少个装饰柜，这就不错。"

"我在他们家正价的时候，买过很多东西，品质真的好。现在都打五折了，你还嫌贵呀？"

"卢璐，我给你说，一个女人对生活的要求决定了整个家庭的品质。就算你不讲究，可你家卢中瀚呢？"

我被她们"轰炸"得连连倒退，幸好是家具店，空间不是很大，身后就是一个落地柜，我撑住了。

上小学的时候，讨厌我的数学老师骂我："卢璐是一块滚刀肉，脸皮特厚。"

她越这样骂我，我越仰起头。反正人肉不是透明的，而且外面还有衣服，谁也看不见我的心里正在滴血……所以面子这么金贵娇美的东西，我是从来没有拥有过的，从小就被扯下来，撕得粉碎，踩进了泥巴里面。

我等她们七嘴八舌数落完，我笑笑说："卢中瀚就是一打杂的，我们觉得公司配的家具就挺好的。"

她们看着我，一起摇头，不是同路人，难往一处走，也做不成朋友，不过，没关系。

比较本身其实不是贬义词。

这是一个相对的社会，而没有绝对。我们活着永远都是在和别人比较，比来比去，在比的过程中，找到一个自己相对的位置，找到自己相对的价值。

我们从生下来那一秒钟就开始比较，根据身高、体重、头围及各项反应，医生会给新生儿打一个健康指数的评分，这个评分就是与过去其他孩子的健康数据比较。

接下来的人生中，比成绩、比家境、比容貌、比智商、比能力、比际遇、比身体、比财富……

　　我们有太多太多可以比较的东西。想和别人比，总能找到把自己比下去的有利证据，也总能找到把自己比上去的有利证据。

　　比上还是比下，最重要的是，要看自己把自己放在哪里？

　　攀比，首先需要一个载体。我们比较的对象，永远都是闺蜜、亲戚、同学、同事、老公的前女友……

　　我承认我没有一个拿得出手的朋友圈。我朋友圈里面也就几千人，没有人和范冰冰比容貌，更没有人和李嘉诚比财富，差太远了，没有共同的载体，没法比。

　　攀比，还要有个输赢。到底是我赢还是你赢，到底是我行还是你行？面子其实就是一张金贵的软牛皮，吹得越大，面子越大，也就距离撑破的临界点越近。

　　事实上，无论我们主动还是被动下场，比得大获全胜的概率是极小的。绝大多数人，比完了的结论是，原来自己才是最倒霉，最失意，最低级，最不上道的那一个，多少心酸多少泪，气不顺意难平。

　　如果说炫耀是一种没有修养的行为，那么攀比就是压根找不到自己的价值，需要在攀比中，用别人的价值来衡量自己。

　　不要着了别人的道，听了吆喝就当棒槌，挽起袖子下场就和别人比。匆匆下场往往就成了攀比游戏中的垫脚石，只为了来垫底。

　　更不要和别人比，每个人都是独立的个体，每个人都有自己的价值，有自己的人生，有自己独有而别人没有的东西。

　　真要比，就和自己比，比自己的过去，比自己的动力，比自己努力的程度和态度。和自己比出来的，才是自己真正的价值。

最好的人生，是不再需要证明自己

十五年前，我在法国南部一家连锁餐厅里打工。半自助式餐厅，进门自选饮料、冷菜、奶酪、甜品，端着餐盘付钱并点热菜。

我的工作在自选区，缺什么摆什么，甜点不够了就去厨房喊一嗓子，饮料不够就去库房搬。

有一个花白胡子的老先生，常来吃午餐。他穿着普通，样子也很普通，不过人很和善，讲话既绅士又风趣。他管我叫"小姑娘"，总是笑嘻嘻地问："小姑娘，今天哪款是推荐甜点？"

餐厅每天有一款推荐甜点，比别的甜点便宜 40 欧分。老先生还会和我商量："小姑娘，甜点上给我加朵奶油花，行吗？我想配着咖啡喝。"

奶油花，通常是加在有问题的甜点上，比如烤焦了，剩下了，或者被我这初级菜鸟切歪了，加上奶油花，盖住缺点，提升卖相。反正餐厅不是我的，不用考虑成本，而且老先生很和善，让人心生亲近，所以我每次都给他加，还加好大一朵。

他的笑容很灿烂，会露出整洁的牙齿。他总是开心地说："谢谢，你是最棒的小姑娘！"那语气是毋庸置疑的真诚。

有一次，他晚上来吃饭，但推荐甜点卖完了，老先生有点失望说："很遗憾，今天是我的生日。"

我心里顿时有几分可怜他，因为每次看他都是一个人，还总点最便宜的推荐甜点。法国是个冷漠的社会，有很多孤单的老人。

我说："您先去付钱，我烤好了，给您送过去。"

那天推荐甜点是"诺曼底苹果塔"，我特意加了两朵奶油花，还给他点了根小蜡烛。

他正端着一杯红酒独品，看到蛋糕和蜡烛，眼睛亮了起来，激动地说："你知道吗，小姑娘？我妈妈是诺曼底人，我小时候，我妈妈每个星期都给我做苹果塔。"

他打开钱夹子，拿出一张50欧元的纸币给我："谢谢你！"

在法国，餐厅小费并不是必须要给的，尤其是这种半自助式的餐厅。2002年，50欧元小费，真是一笔天大的巨款。我推辞不要，老先生把钱塞在我的手里说："你收下这个钱吧，就算这是你送我的生日礼物。"

这真是一个让人无法拒绝的理由，我满心欢喜收下钱。

当我回到工作区，值班经理问："你知道他是谁吗？"

我摇摇头。经理用手比画了一下说："你看到马路对面那个加油站了吗？还有加油站后面那一片葡萄地都是他的。另外，我们这个商业中心的地也是他的。"

"啊？"我惊讶地捂住了嘴巴，"那他干吗来咱们这里吃饭？还总点当日推荐的甜点。"

收银那边正好呼叫经理过去，他转身边时耸耸肩说："有钱人的世界，咱不懂。"

初秋的时候，我去市立图书馆里面排队用电脑。我在大门口，碰到了老先生，他还穿着平常的格子布衬衣和卡其裤子，胡子修剪得很整齐。

他笑着和我打招呼，背后的玻璃幕墙上，有个海报，上面印着一个跟他本人差不多的头像。我很诧异地看看海报又看看他，他说："噢，我捐了点书。"

我情不自禁地说："哇，您真有钱！"

他哈哈大笑，然后说："小姑娘，等你长大了，你总有一天会明白，钱只不过是一串数字，价值才是最重要的。下次见我，别说我有钱哦！"

说完，他挥了挥手走了。在人群中，他是一个那么普通的小老头，完全没有富豪自带光环、气宇轩昂的感觉。

我看着他远去的背影，觉得有钱真好，想怎么任性就怎么任性。如果我有这么多钱，我一定不穿那么普通的布衬衣，更不会去吃我们餐厅的推荐甜点，我要天天穿名牌，顿顿米其林，我要买定制版的法拉利，虽然我连驾照没有，不过那又有什么关系，反正我有钱……

在很多很多年里，我一直以为财富决定人生的价值。

我达不到老先生的层次，那是因为我没有累积到足够的财富。一个压根没法满足自身物质需求的人，根本没有权利去想那些所谓的层次、格局、境界和修养的问题。

如果想要伸直了腰，怡然自得，体面地活着，那么我得先弯下腰，低下头，不惜所有，倾尽全力地拼命努力，提升自己的价值。

今天，我们生活在一个过分商业化的社会中，每天都有人高高在上，义正词严地告诉你头等舱和经济舱的差距、名牌包和地摊货的差距……阶级犹如在云间，价值犹如空气，它明明在哪里，但却是看不到摸不着，所以钱变成了唯一可见的，能够爬上去的天梯。

然而，在现实社会中买两块彩票中两亿元，实在是一种可遇而不可求的概率；能拼上老爸或者靠上老公的，也是种不太好复制的模式。

所以面对大多数普通人，想要在人前鲜衣怒马地活着，其实社会已经安排了看得见的，所谓"成功学"式的思维逻辑模式：

拼命地努力，玩命地赚钱，可劲地消费，不要命地犒劳自己。既然我们找不到自己的价值，那么就找到一个看得到的价值，移花接木，替换成自己的价值。

其实，那是一种假象，不是事实。

前两天，我有一个朋友来上海开会，她的行程安排得很满，时间优化之后，她带我去了一个行业招待酒会。

酒会是自助式冷餐会，桌子上摆放着各种吃的东西。大家同在一张桌子上吃饭，便象征性地相互自我介绍了一下。轮到我们两个浑圆黄脸，穿着普通的中年妇女，也没人在意，只是随意地点了点头。

桌子上的人，边吃边吹牛。这个说我们公司准备去拿融资；那个说我刚刚从迪拜回来，我们住了一个月的帆船酒店；还有人说我们刚刚在上海买了一栋别墅……

我真心一点不喜欢这种人多混脸的酒会，这种场合最能显现出人类社会在自然状态下的势力分级。

恰好酒会主办公司的老总在人群中发现了我的朋友，便走过来敬酒，感谢她能到来，连我都沾了光，老总亲赐了张名片。

老总离开之后，我的朋友在酒桌上价值直线上涨，大家纷纷跟她讲话，试图猜测她到底有什么来头。

朋友笑笑说："我是个研究员，我们最近做课题和他们公司有点关系，所以见过一面。"

我们起身去拿甜点，我问她："你为啥不说啊？"

她其实是欧盟投资的几百万欧元的实验室项目负责人，她研究的尖端课题，可能产生上亿的利润。

她耸耸肩说："那又怎样？我不照样还是一个孩子的母亲，要还二十年房贷，焦头烂额的中年妇女嘛！其实，在我这个年龄，我已经不需要别人来肯定我的价值了。"

有人的地方就有江湖。每个人都希望，自己可以在别人的尊重和敬仰中，体面地活着。我们常常以为别人尊重的是我们的钱，事实上别人尊重的是我们的价值。

年少气盛的时候，我们总害怕别人看低自己，恨不得把自己所有的成绩，都变成刺青刻到脑门儿上，好让别人一目了然，肃然起敬。

然而半生，我比谁都清楚，我是谁，我值多少钱，我可以自我评判自己的价值，而不再需要从别人那里得到尊重，来满足自己。

这是一个刷脸、刷身价、刷价值、刷实力的社会，在同一个染缸里，如果没有自知之明的定力，难免会被别人挑起好斗的心魔。

可是人生不是一场战争，根本没有所谓的输赢。

人生最好的境界，是不再需要倾尽所有的活着，可以悠悠然地看着别人在你眼前炫耀攀比，而你不再需要竭尽全力地去兜售自己。

人生当然要倾尽全力，但不是为了别人，而是为了自己。

我若举手之劳，你不必涌泉相报

去年年末，有一个读者给我的公众号写了一长篇回复，大意是，他是一个集邮爱好者，今年法国会出一套有关中国猴年的限量邮票，请问我是否有可能帮他想办法在法国当地买到，他可以出些跑腿的费用。

我想了想，把他加到一个法国文化交流群里面，给他做了个开场白。因为群里很多人认识我，大家反应也还算热烈，看到有了眉目，我就退了。

中间我没有在群里说过话，一晃好几个月过去了。

前两天，我正急火攻心地堵在上海高架的冷雨里，突然微信不停地响，还是这个读者。他说，邮票拿到了，并问我家里两个妞儿都属什么？地址是什么？为了谢谢我，他想送两个妞儿一套生肖邮票。

虽然从 13 岁之后，我就再没集邮了，但是我还是给了他我的地址。我真的不是为了贪这点便宜，小小的邮票，对他来说是一份心意，对我来说是一份惊喜。

我家有个专收卡片的文件夹，里面有我们收到的生日卡、圣诞新年卡、明信片等各种卡片。我准备把邮票也放进去，等到妞儿们长大了之后问："哎，为什么会有张邮票？"

一生那么长，如果这算是一个故事，那么这是一个有温度的故事。

对他对我，都是举手之劳的小事，就是因为这一点点的温度，让我们可以记住很多很多年。

在我刚上大学的时候，有一次，我要坐长途汽车去另一个城市。

要上车的时候，突然有一个满身灰尘和汗水的中年男人跑过来，问我："可不可以跟我换位置？"他是下一班车。

他的眼睛有点浑浊，使劲瞪着我，急切地说："我家里面有急事，我要早点回去，这辆车满了，我给你钱，我只有十块。"

那个时候十块钱，还可以做很多事情。一碗加了牛肉和茶叶蛋的拉面，也就五块钱。

他说完掏出皱皱巴巴还带着体温的十块纸币，试图塞到我手中。吓得我往后一退，钱掉到地下。他把钱捡起来，继续低声央求："下一班车是一小时之后，你一个人没有同伴，等一下，帮个忙，好吗？"

长途汽车站一直都是鱼龙混杂可怕的地方，人多事多，多少耸人听闻的骗局都是在这里发生的。我从小就被家人叮嘱过千百遍，要小心陌生人，尤其是女孩子。

周围一圈人看热闹，没有人替我讲话。我才 19 岁，害怕又惶恐，只想化成轻烟，当场隐形。

这时候车门打开了，大家鱼贯而入地上了车，我边说"对不起"边跳上了车。那个人看着我上了车，又在下面发了会儿呆，一跺脚走了。

我并不知道我究竟是避免了一场厄运，还是制造了一场遗憾。

但是这么多年来，我一直记得他浑浊的眼睛，急切地央求。

一生这么长，如果这也算是一个故事，那么这是一个让人有点不适的故事。

让我记到很多很多年以后，可是人生没有另一种"也许"的可能。

在法国的时候，我最好的朋友的朋友要回国了，但是她还想继续办法国的长期居留卡。我们在同一个小城里一起住了两年，但是我们从来没有一起坐下来吃过饭。

那个时候我的好朋友去了另外的城市，所以她就找到了我，给我写声情并茂的邮件，让我去大学帮她注册，并购买学生保险。

那时候我也上班了，还好我的工作时间比较自由。我提前把要做的工作匀到其他时间做完。为了节省时间，在家提前做好了三明治，中午从公司出门，坐了近一个小时的车去大学。

纵然我几年前在这里读过一年半法语，进了大学还是找来找去，走了很多路才找到她要注册的系。

那天人很多，办公室开会不开门，我足足等了近两个小时才注册好。大学行政机构四点就关门，等我再找到买学生保险的地方，已经关门了。

我在等的时候，一直在问自己："卢璐，你究竟在做什么？"

我们在距离五百米远的地方住了两年，也没有成为朋友，难道现在隔着山隔着海，隔着十万公里，我们反而可以成为心意默契的知己吗？

张口说句"谢谢"，简单至极。可是这个谢谢，究竟是轻如鸿毛还是重如泰山？计算方式其实是在我们自己心里。

我在回家的路上，找了一个邮局把注册好的文件寄给她，并写了一封邮件告诉她，大学已经注册好了，但是保险没有买。现在我也很忙，下一步我实在是没有时间，也没有能力继续帮忙了。对不起！

她从此消失在我的生命里，也从来没有回过我的邮件。

我一直想着，如果有一天我还能遇见她，我一定会说："你欠了我五个小时的谢谢。"

如果这也还算是一个故事，那么这是一个有代价的故事。

让我明白，我可以帮助别人，但是代价不能是作践自己。

在这个世界上，总有很多人觉得世上所有人的存在，不过是为了服务自己。

在这个世界上，总也有很多人真的需要帮助，并且会真心

027

真意地感激。

与人为善，乐于助人，是人类社会承传下去的根本。作为群体动物的人，没有信任，没有归属，找不到安全感，凄苦无助，只能惶惶不可终日。

但盲目的遵从面子的驱使，浪费自己的生命去"帮助"别人，这是不尊重自己。

无视别人的需求，或者先计算帮助后的回报和利益，更是不尊重自己作为人的权利。

我们三年前到上海，没有任何朋友。现在已经有了相对稳定的朋友，周末总有各种聚会，轻松惬意。

我最亲近的朋友，大多都是孩子们同学的父母，你帮我接一下孩子，我帮你照看一会儿孩子，周末孩子一起结伴去上钢琴课、英语课、美术课或者芭蕾舞，然后就成了朋友。

有需要才有帮助，有帮助才有接触，你领情，我更领情，一来二去，就成了朋友。因为成了朋友，我们更可以相互帮助。

帮助其实是一种暖暖的温情。

一生中谁没有过需要帮助的时候？

就是因为有了别人的帮助，那个小问题变成了生命中一颗圆润的珍珠。

我知道，我们不是专做好事的雷锋，我们也更不是以身殉道的圣人，每一个凡人的人生，都在忙忙碌碌。

考虑到我的时间、精力、能力等各个因素，在我力所能及的范围内，我会力所能及地帮助所有需要帮助的人；我也会尽早拒绝我力不能及的要求。

帮还是不帮，做决定的时候，我会考虑很多因素，唯有一点："面子"，这么华贵的东西，不在我的考虑范围里面。

那些因为我拒绝帮助而渐行渐远的朋友，那就好走不送，我们就此别过，一拍两散。

那些因为我出手帮助而心怀温暖，越走越近的成了朋友的朋友，我们可以一路欢歌，携手向前。

其实我一直觉得，帮助并不应该用来交换。

帮助本身就是一种价值。只有成为一个有价值的人，才能帮助别人，也能得到别人的帮助。

我若举手之劳，你不必涌泉相报。

帮助是一把无心插柳的树种子，举手之劳，若有回报，皆是惊喜。

**有实力，
才有底气**

Ø

富贵病，那是因为你穷

我有一个很多年没有联系过的朋友，最近突然加我微信，老友重逢，心情激动，捧着手机聊到半夜。

我的这位朋友，高中毕业没考上大学，上了一年多自考的辅导班，然后就远走他乡打工。在外为了生计拼死拼活（此处跳过五千字）……现在公司做得风生水起，加上看门的大爷，扫地的阿姨，也有好几百人了。

用他自己的话说，就算从现在起什么也不干，他的钱也足够他儿子及他儿子的儿子花一辈子了。

现阶段他重新调整人生规划，准备"享受人生"。

没有想到，这贵人大海捞针一般找我，只是想讨教一下旅行经验。

其实他已经去过很多地方了，但是总结起来，就两个字：没劲。

去欧洲：

教堂都长一个样，中间有个十字架，没劲。

博物馆不是裹着布的基督，就是胖乎乎的肥妞儿，没劲。

餐厅一共三道菜，两道都是凉的，连个热水也没有，没劲。

去美国：

开半天车，看不见一个人，荒山野岭，没劲。

除了比萨就是炸鸡，再就是麦当劳，没劲。

去东南亚：

除了沙滩就是游泳池，再就是骑大象，真没劲。

泰式按摩还不错，但是按摩小姐一个比一个黑，特没劲。

"那你觉得，什么有劲呀？"我问他。

他想半天说："什么都特没劲，人生根本就是一场悲剧，我们生下来就是一天天在混吃等死。"

我实在没忍住，隔着电话骂他："幸亏不是面对面，要不我真抽你。这叫什么？有钱烧的不知道姓什么吗？"

他讪讪地笑道："只是比记着自己姓什么的穷人好一点儿罢了。"

"不见得，穷人有块肉就来劲儿，至少活得比你有劲。"我总要杀杀他的戾气。

我们总以为等到有钱了，就可以优哉游哉地享受人生美好。

我们喊："等我有了钱，我要买三百个爱马仕的包，住八星级的酒店，吃米其林十星级的餐厅……"

每次想到这里，热血沸腾。有钱就可以任性，是土豪才有性情。

为什么要有钱呀？

为了让自己活得更舒服一点，更自在一点，更体面一点，让自己的生活更有品质一点。

我曾经问过一些人：什么是生活品质，如何看待生活品质，如果改进生活品质，你认为你现在的生活是否有一定的品质等一系列问题……

绝大多数人都觉得这些问题非常不着调，或者不屑回答，或者不知如何回答。

少数人给出来的答案大概可以概括成："现阶段我要努力，有了钱之后，就可以吃好玩好，出国旅游，买品牌包包……"

民众的结论就是：生活品质 = 有钱。

其实不然。

有钱的确是保证生活品质的前提，但是两者之间的关系，并不是一路匀速飞升。

两千元到两百万元，差距可以从天到地；两百万元到两亿元，差距也许只有个珠穆朗玛峰那么大；而从两亿元到两千亿元，区别也就在零多零少而已。

无论我们拥有多少潮流新款，一次也只能背一只包，戴十个戒指，一对耳环，几根项链，一副眼镜，涂一种唇膏，做一个发型。

无论我们有多大胃，一天之内能吃下去喝下去的东西也就那么多。

无论我们有多大的城堡，每天晚上也只能睡在一张床上而已。

享受其实是一种能力。

和所有的能力一样，天赋只是基本的部分，想要淬炼升华，需要锻炼、培养和实践。

每个人从胚胎时代，就开始规划自己的成长轨迹。每一步每一刻每一个阶段，点点滴滴都已经被烙印在冰山没有漏出水面的潜意识里面。

我们有先天的赋予，有命运的摆布，也有自身的努力。

我们拼命努力赚钱，希望提高自己的生活品质。实际上考证生活品质的公式，是一个百分比，不是一个分数线。

就是现阶段，我们还没有达到像既定目标那么有钱，但我们可以根据现阶段的条件，把自己的生活品质调整得更舒服一点。

不是只有成功爱光顾那些有准备的人，所有的幸运都爱光顾那些有准备的人。

提高自己的认知，除了赚钱以外，要培养自己的兴趣爱好，要设计一些循序渐进的目标，来挑战自己。成功之后，你就会有成就感。这些都是可以提高生活品质的方式。

这世上最悲哀的事情，不是做一辈子的穷人，而是终于有了钱之后，过得还像一个穷人。

···

第二章

摆脱他人的影子，
才能飞得更高

···

女人，再难也要努力活下去

6月，天气渐热，人心浮躁，诸事缠身，有点全民溺水的架势，又听到某位妈妈带着孩子自杀的消息，留下遗书说："既然我带她来，那就让我带她走。"

身为孩子的母亲，对于此类消息会特别敏感，一个妈妈究竟有多么大的绝望，才会带着年幼的孩子自杀呢？

我曾经在网络上搜索过"母亲带着孩子自杀"，竟然跳出来一百多万条网页，有些毛骨悚然。

绝望的母亲选择带着自己的孩子一起自杀，不是个别案例，甚至还有人写文章质疑："那么多妈妈带着孩子一起自杀，法律为何沉默？"

母亲带着孩子自杀，总结起来有两大原因，要么因为生活贫困，要么因为家庭矛盾。其实，这两个原因是相辅相成，紧扣在一起，越勒越紧，最终窒息。

更加遗憾的是，很多家庭矛盾，都是为了一些生活琐事，口角之争。根本不是原则性问题，却造成了原则性的损失。

小时候，我一直对死亡充满恐惧，甚至认为成仁是一种极度需要勇气的事情。

其实长大之后才明白，自杀是一种懦弱的逃避，活下去要有更大的勇气和毅力。

我在法国的时候，曾经读过一本关于自杀的书。

那个时候，我的法语很差，读这样的书一知半解，但是书中很多意义深刻的字词，还是深深地刻进了我的脑子。

我们一直认为自杀是一种个体的心理危机，事实上，自杀是一种非常复杂的社会现象，和社会结构有着非常明显的关系。

自杀行为可以从侧面分析社会动荡状态、文化稳定性、人类社会属性等。

自杀有很多分类方法，超过80%以上的自杀是情绪化的，从决定自杀到真正执行，不超过两个小时。这类人万一获救，再度自杀的概率是极小的。但是还有一小部分人，自杀是深思熟虑的。人生而无望，会反复自杀，一直到死亡。

目前在全球范围内研究自杀，是非常艰难的事情。因为很多国家并没有建立足够精确的统计系统，而且还有很多国家出于各种原因考虑，并不愿意分享相关数据。

我23岁去欧洲，根据自身体验，就社会和家庭的工作承担，以及辛苦程度来说，我认为中国女人和欧洲女人差不多。

毕竟欧洲人工成本很高，老人只顾自己欢乐，如果一个家庭有好几个孩子，凡事都要亲力亲为，实在不想做饭了，连个

"饿了么"都没有，只能饿肚子。

在现实社会中，毫无疑问，中国女人担负着更大的压力，而且更容易被忽视，甚至还受到歧视。个别的女人自己的潜意识里，也把自己当作次要的或是男人的附属品。

可是，随着社会进步，工作和体力的直接关系越来越小，但女人依然要在工作和社会活动中，承担越来越多的职责与压力。

这种压力不仅仅来自于社会，而且更加根深蒂固地烙进每个人的思想里，甚至来自女人自己。

"剩女"和"早恋"一样是中国特有的名词。25 岁以上未婚的，就应该开始紧张；28 岁还没有结婚的女人，就应该恐慌；超过 30 岁的女人，需要自己给自己贴上"我开心，我不嫁人"的标签——话虽这么说，可是怎么听都有点酸溜溜的味道。

"干得好不如嫁得好。"这种理论在当前的社会里面显得冠冕堂皇，但是被更多人名正言顺地接受，甚至没有人觉得荒诞无稽。

今天我们喝着英式红茶，吃着法国马卡龙，用着美国苹果手机，却谈论着怎么能抓住男人的心，让他养我一辈子。

这画面太诡异！

我们总是说：嫁过去，嫁给他，就是嫁给了他的全家。

在我们的读者群里，每次只要有人说"婆婆"，马上就会出现刷屏的节奏，成百上千的消息，每个人都有每个人的婆媳问题。

婆媳成了水火不容的对立者，针锋相对，各不让步，让中间那个从没有发育完全的"巨婴"，左右为难，只想逃避。

在这场混战中，没有赢家，只有痛苦和伤害，最终每个人都是伤痕累累，苦不堪言，也包括中间那个已经被拉扯变形的男人。

对社会的发展来说，几十年甚至上百年，都不过是一刹那而已，可是几十年对于人类来说就是永远。

我们用三十年的时间，赶上了世界一百年的经济发展。我们需要用多少年的时间，可以赶上世界的社会发展？

今天，我们有幸活在这个迭代加速的社会，我们身上还有过去的印记，但是我们看到了未来的无限可能，我们可以改变，只要相信自己，只要我们用行动去努力。

带着孩子自杀的妈妈，在她的遗书里曾写到，在生孩子之前，她有一年近 10 万元的收入，她的原生家庭也不错，实在不行还可以靠父母。

那么，如果她离婚，就算是带着孩子，重入职场，也许会艰苦几年，但总不至于沦落街头，最终活不下去啊！

然而她选择自杀，选择了一了百了的逃避，将她身边的亲人都困进痛苦的笼子里，用一辈子承受她所带来的痛楚。

这究竟是为什么？

是她用自己的死去惩罚老公？婆家？可是对于无情的男人

来说，老婆如衣服，孩子可以再生，生命还可以继续。

这个世界很冷酷，我们只能惩罚爱自己的人，尤其对深爱自己的父母是最沉痛的惩罚，还有我们自己的孩子……

经济独立，人格独立，从理论上来说，这两个相辅相成，相互促进，没有特别的先后顺序。

可是我更倾向于把人格独立看得更重要。因为在今天，我们并不能轻而易举地赚到大把钞票，但是只要肯，只要干，我们都可以赚到能让我们活下去的资本。

可是，今天有大把经济独立的女人，却依然忍气吞声地依附着男人。不敢，也从没有想过人格独立。

人格独立之后，在今天不再以粗重的体力劳动为必须生存手段的社会里，经济独立是更容易达到的事情。

今天作为女人的我们总认为，所谓女人的独立和自立，就是和男人抗争，脱离男人而活。事实上，我认为从最初我们的目标就找错了，我们要抗争的，并不是男人这个群体，而是整个社会的意识和我们女人的个体思想。

社会意识中，不仅仅有男人的意识，更有女人本身的意识及"吃瓜"群众的意识，也就是我们经常说的大环境。

女人不需要逞强，但是也不需要示弱；不需要扔掉男人，但是也不需要完全附属。男人和女人，没有谁大谁小，孰轻孰重。

人生是很艰难的，无论对我还是对你，每个人在自己的人生中都会遇到各不相同的问题。在很多时候，我们被情绪操控，进入一个死胡同，认为人生无解，只有死。

事实上，换一个角度，我们就能看到天地。

人活着并不仅仅只有花香鸟语，更有许多不堪与打击，在很多的时候，比死更难的是活下去。死是一种懦弱，生才是一种有责任的担当。

姑娘，请付了自己这杯咖啡钱

上海餐厅周，我们也去"拔草"。一家在巴黎就很有名的法国餐厅的上海分店。

正吃着，服务生旁边带过来一个年轻而时尚的女生。黑色软呢礼帽，背着 Chloé Faye，披着黑色混纺粗呢的小西装，领口上用金线绣了一个显眼的香奈儿标志。

这年头背个名牌包很正常，穿着奢侈成衣的还真不多。但是这姑娘粉红色的锥子脸真心漂亮，姑且认定行头也都是真的吧！

菜端上来之后，她捏着手机歪着头，用叉子挖着吃。还跷着二郎腿，脚尖一直在摇晃着 Celine 闪亮的细高跟。

卢中瀚边摇头边说："难道没有人给她说过，叉子和勺子用途不一样吗？吃饭的时候，需要坐直，两手平放，就是在街头喝馄饨，也要有吃相吧？"

吃到甜点的时候，来了个帅小伙，年轻，时尚，个字高高的，两个人真是般配。

小伙子风风火火地坐下，举起右手朝着服务员边挥动边喊：
"给我一杯水。"

大家还没说几句话，小伙子又挥手喊："服务员，买单。"

敢情他就是来付钱的？

餐厅周特定的套餐，姑娘没额外加酒水，258 元一位。小伙子伸手从口袋里面掏出一把钱摊在桌子上数着，末了问："你有钱吗？我没带现金，还差 100 元。"

姑娘补了 100 元，两个人就一起走了。

卢中瀚笑着说："只付一半的钱？小心，后半夜被踢出门。"

这时候服务员拿来我们的账单，问也不问，直接放在我这黄脸管家婆面前。我刷卡签单说："鲜肉大叔，你别踢我。我可是付了所有的钱。"

初到法国的时候，大家都去餐厅打工。最让我们这群中国女生震惊的是，餐厅付账的时候常常是 AA 制。甚至，有些带着孩子来吃饭的男女，也会 AA 制。

在实地近距离观察了法国社会之后，我心里暗自想，作为世界女权运动的发源地，法国女人真是没有地位。

结婚要冠夫姓；账单要对半分；要工作赚钱；要怀孕生孩子；要带孩子做家务……

浪漫的法国男人，一天可以说一百遍"我爱你"。

出现问题，就事论事，争得脸红耳赤，绝对没有一个"让"

字在心里。

要说有地位，中国女人才真正有地位。

当年我没出国的时候，"我和你妈一起掉水里"这个问题，我不依不饶地训练卢中瀚，直到他面带微笑对着蓝天大喊："当然先捞你。"

小声告诉大家，其实我是青岛海水里泡着长大的，逆水游几公里没问题。

高中时候曾经读过一本《女生礼仪手册》。里面写懂礼貌的女生要注意站在男士的左边。因为大多数男士的右手是常用手，挽着他的左手，不耽误他用右手付钱。

在国内吃饭、看电影、喝咖啡这种共同参与的活动，两个人在一起，男人送东西，每月给点零花钱，那不都是应该的嘛？

曾看到这样一句话：任何以谈恋爱为名，不付账的行为都是耍流氓。

也有人说：千万别去欧洲，因为遍地都是流氓。

根据法国最新调查数据，有30%的男人认为自己应该付钱，而只有28%的女人认为男人应该付钱。这个数据如果与社会发展水平更高的北欧比较，比例会更少。

在欧洲约会，尤其是初次约会，男人抢着付钱和在国内给女生说"我们AA分账"一样的粗鲁。

第一次和卢中瀚约会，慎重起见，我们只约了喝杯东西。

喝得差不多了，气氛友好。他正式问我："等一下是否有安排？我可以有幸请你吃晚餐吗？"

因为他申明要请我吃晚餐，所以我付了我们喝饮料的钱。

不能否认，在当前社会中，男女收入还是有一定区别的。因人而异，在没有特别经济压力的情况下，大多数法国男人也还是会主动多付一点钱。

一般男生付了晚餐钱，女生会付电影票钱。或者两个人各付晚餐食物的费用，但是男生会说"我来付红酒钱"。

虽然从钱数上来说，还是男生付的多一点，但是从感情上来说，双方各有付出，相对平衡。

中国女人其实是最隐忍善良，勤劳俭朴的。要求男人付账，至少绝大多数女人的出发点不是为了让自己成为财迷。不少中国女人回了家，关上门拿出钱堆到桌子上，有钱大家一起花，不分彼此，甚至一把将钱推给老公，当甩手掌柜的女人大有人在。

为什么在爱情初期，还有公开场合，中国女人如此坚持要男人付账，不付不行？

为了面子嘛！

面子只是一个表象。面子后面，有个死结。

在商品社会中，当我们觉得必须要付钱的时候，就是说我们认可这笔交易，认可了要交换的价值。

吃了餐厅的东西，拿了商店的衣服，甚至一些无形的商品，譬如教育、服务，对买的人来说也是获得了某种价值。

虽然中国女人早已经脱离了被压迫被奴役的时代，可是在不少女人的潜意识中依然觉得自己比男人低一等。

西蒙娜·德波伏娃（Simone De Beauvoir）说："女人不是天生的，而是被塑造成的。"这一点我同意。

可是男人也不是天生的，也是被塑造成的。

从出生那一刻起，男孩子会被穿上蓝色的衣服，收到汽车类的玩具；而女孩子会被穿上粉红色的裙子，收到全套的芭比娃娃。

可是我们都忘了，成为女人或者男人的先决条件是，首先我们是人。

有生命，会死亡，要吃、要喝、要排泄、要繁衍。

从人类学角度来说，女人既不劣于男人，也不优于男人。

女人和男人，只不过是同一个物种的两种分工而已。

上中学政治课，彻夜死背："生产力和生产关系的矛盾，是推动人类社会发展的基本动力。"

二战之后，第三产业在国家经济中占有了越来越重要的比例。让女人们可以超越局限，获得工作机会，可以找到展示自己才能的舞台。可以选择自己的人生，不再需要在男人的庇护下生活。

现今中国，是世界上崛起速度最快的经济体。可是经济发展太快导致社会、道德、精神追求等出现诸多断层。关于女性独立的概念和观点，也存在着很多矛盾。

任何以性别为参数，作为区分标准的定义，都是性别歧视，无论是男还是女。

"我想和谁好，就和谁好！"

这句豪言，如果是一个男人说的，一定被群起而攻之，"无耻下流卑鄙"，这个挨千刀的直男。

这句壮语，如果是一个女人说的，是有点偏激，不过还是代表女性思潮觉醒。

就人体工程学来说，从技术上考虑，姑娘，在和对方好之前先问问人家，同不同意？

就价值商品化来说，姑娘，你需要知道，市场经济的核心主动权是掌握在付钱的买方手里。

我知道让我这个有六年家庭主妇从业经验的女人来谈女性独立，好像有点文不对题。

我知道文发了之后，一定会有人反驳，"没有经济能力的女人，张口之前先看看自己"。

可是，究竟怎样的女人，才算是真正的独立？

按照我的顺序是：人格独立，能力独立，经济独立。

当我们可以拥有独立的思维体系，可以独立做出判断，不会因为别人而影响自己，我们可以说我们人格独立。

当我们可以自我组织，计划布置，计算得失，自己找到解决方案的时候，可以说我们能力独立。

当人格和能力都可以独立的时候，经济独立就不是问题。

曾经在准备婚礼的时候，卢中瀚给我们的朋友说："我之所以决定娶卢璐，就是因为我知道，万一有一天我走了，她也会有办法好好地活下去。"

这男人，婚还没结，先给自己留条后路。

朋友走了之后，我跟他摊牌。他说："我走了，并不是特指我会离开你。万一有一天我死了怎么办？"好吧，他是古怪的处女座，我不和他一般见识。

我一直以为，把一个男人留在身边的最好办法是让他担心，让他觉得我没了他不行。事实证明，我演不了电影，不仅仅是因为我长得太丑，更是因为我的演技太烂。

我只能摘下温文的面具，漏出我黄脸婆的嘴脸。

我们背对着背的彼此支撑，各自撑住自己的局面。一方失利，双方受损。要赢双赢，要死共死。

我不是你重金买回来，落满了灰尘的宝贝，我们是夫妻，更是搭档。

我们相携相伴，竭尽全力。

利益比感情更永恒，需要比依靠更稳固。

在这世界上，我不可能爱任何人胜过我自己。当我没了自

己，我拿什么来爱你？

姑娘，请付了自己这一杯咖啡钱。

这不是一杯小小的咖啡，这是我们作为人的权利。

想要得到别人的尊重，自己先要尊重自己。

这辈子唯一假装不了的就是阶层

天热起来了，对于父母们来说，一年中最可怕的暑假就要来了。

我一想到在接下来整整两个月时间里，家里会有两个精力无限，上蹿下跳，不用上学的孩子，我就有种缺氧的窒息感，血压高到怒喷的极点，恍恍然。

周末的时候，我们带着孩子去参加了一个假期夏令营的说明会，英国两周的夏令营，一个孩子要花好几万块钱，并且还要成人陪同。

据说机构主讲人是从伦敦政经学院毕业的，他振振有词地说："再苦也不能苦孩子。用上海不到一平方米的房子钱，就能提供给孩子见世面的机会，构建孩子的精英格局……"他还强调这些非常贵族化的课程是和英国一家非常著名的私立学校合作的……

主讲人讲完之后，是英国教育学家和孩子们一对一面谈的时间，而其他人都在大厅里茶歇。

家长们最擅长的就是扎堆聊天，都是焦虑不已，烦躁不安，急需抚慰，抱团取暖。其中有个妈妈，言谈之下，优越感自溢。

她先生是交大毕业的，他们是特别注重教育的父母，她儿子在一所国际学校上学。

她对国际学校很有研究，无论是惠灵顿、包玉刚，还是耀中，她都去考察过，优势劣势各个如数家珍。

她听到我先生是法国人，马上对我产生了很大的兴趣，问我法国哪个马术学校最正宗，最有贵族范儿？

我从来没研究过怎么让孩子学骑马。因为在我看来，学会骑，但没有马，有啥用呢？

她说："学骑马，主要是为了熏陶孩子的贵族气质。"

她又问我："那你知不知道，法国有没有什么地方，可以学习贵族礼仪的？要提高班。我们在上海已经学过一个礼仪课，有英国皇家证书的。"

五星酒店空调太足，我觉得一阵阵的发冷，只能抱着膀子说："应该有吧，但是我也不太清楚。"

我被她划为不入流的妈妈，她瞥了我一眼，不再跟我讲话。这时候销售过来说："下一个就是你们了，请准备一下。"

大厅满地都是孩子，她站起大喝一声："许子轩，你给我过来！"这一声犹如洪钟，立竿见影，一个满头是汗，大约有六七岁的胖小子跑了过来。

许子轩跑过来就说："我渴了。"她递给他一瓶矿泉水，他一仰脖喝了半瓶，用手背擦了一下嘴巴，就用手去抓果盘里的西瓜。

可更令人惊讶的是，那个一心想养贵族儿子的妈妈，完全不在意她儿子的失礼，而是说："吃葡萄，西瓜容易把衣服弄脏，不好洗。"

她抓了几颗葡萄在手里，带着儿子走了。

目送着母子的背影，一直没有讲话的卢先生突然说："总有一些人，乡土属性比别人更强烈一些。"

我们说的话，卢先生都听不懂。就是因为别人在讲自己听不懂的语言时，我们才会更加关注对方的神态、动作和微表情。

这位妈妈瘦瘦的，黄脸素颜，穿着的衣服，和背着的包，都是名牌，但是Logo并不明显，戴着一颗大粒钻戒。

基本可以断定，她不是天上掉馅饼被砸到的土豪新贵，而是通过应试教育，改变了自己的人生，现阶段有点钱，但是不确认在未来是否能够保持或者继续这种上升趋势的焦虑无比的新型中产阶级。

在运转飞速、信息海量的时代里，并不仅仅是好不容易爬上去的中产阶级在焦虑，连为赋新词强说愁的少年，也在暗自焦虑，希望自己能够挤进更高级的阶层。

我们经常看到某些女孩子在网上晒名牌包包，其实，她可能月薪仅仅3000元，为了买这个包透支了好几个月的工资，但是大家看到的是她的富有和光鲜靓丽。

以这种方式来满足虚荣心，似乎已经不再是一种被批判的社会道德，似乎变成了野性勃勃的炫耀和生长力。

每个人都希望自己穿得更贵一点，拎着能够撑得起面子的包包，发一些刻意修过的朋友圈，给人一种自己看起来，档次很高的感觉。而教育已经成了比名牌包更能彰显阶层的方式。

几千万元的学区房，几十万元一年的国际学校，几万块一周的夏令营，都是为了熏陶贵族气质，培养顶级精英，提高富人格局，彻底和贫困脱离关系。

可事实上，用钱来区分阶层的人，根本就是因为没机会改变。

在文化领域里面，有个词叫作亚文化或次文化。

在一个主流文化内部，一些文化背景类似的人，组合在一起，缔结成一个圈子，他们身处于主流文化中，但又别于主流文化。

对我而言，在阶层区别中，是不是也应该生成一个新词，叫作"亚阶层"？用来形容那些从经济和社会地位等硬性角度上，已经可以晋级到一个阶层，但是从个人态度和观点等软性指标上，还不被该阶层的其他人认可，仍游离在外的群体。

小说《飘》中有个细节。斯嘉丽的爱尔兰老爸，哪怕和斯嘉丽有法国贵族血统的妈妈结了婚，和周围邻居都熟成一片，也依旧是佐治亚上流社会的另类。

直到很多年后，邻居的贵族太太看着他的背影说了一句："这真的是一个高尚的人，才真正地被上流社会所接受。"

无独有偶，《泰坦尼克号》中，借给 Jack 礼服的布朗太太，就是因为她有钱有势力也有名誉，但是当时还没有被同等有钱的人所接受。

时间是我们活在世界上唯一公平的资源，时间不会因为人的努力或者意志，改变自己的长短。

时间不到，功夫不到，你住再大的房子，穿再名牌的衣服，孩子上再好的学校，都不会被认同，甚至成为被讥笑和奚落的对象。

我们每个人，都会认识至少一个人，这个人明明身着朴素，甚至衣衫褴褛，或我们明明知道他没有自己有钱，但是我们还是甘拜下风，心中暗赞，这才是大家风范！

我们每天，都会遇到很多人，几句话说下来，根本不用看对方的房产证，我们就会情不自禁地觉得，这个人不行，嘴巴里面跑火车。

我曾经说过很多次，在这个世界上，衡量的标准并不是钱，而是价值，钱是一种价值，但不是绝对的价值。钱可能因通货膨胀，化为虚幻的泡沫，但是价值是一种实打实的实力。

今天有太多新中产人士，一方面，因自己可以通过教育改变命运的事实沾沾自喜；另一方面，又暗自懊恼和嫌弃自己的身世，对自己出自寒门，没有能依靠的爹娘，没有贵族血统，极度自卑和不自信。

当自己的这种矛盾映射到自己的人生中，变成了极度拜金的消极的焦虑。看似倾其所有提升自己，实际上只是为了挤进更精英的阶级。

即便自己的行头，还有孩子的气质，包装得看起来很贵族的样子，其实在外人看来依然是金玉其外，败絮其中。

在这社会中，最有价值的东西，其实是自己的价值。

哪怕自己的原生家庭，贫困无比，伤痕累累；哪怕自己的身上，有种种被贫穷刻上的烙印；哪怕自己的言行，并不符合几千几百年的贵族礼仪；哪怕自己的境界，达不到网络时代天使投资人的格局；……可是那又怎样？

我就是我，我就爱吃15元一盘三鲜饺子，200元的北京烤鸭；我就舍不得买2万元的LV，3万元的头等舱；我就不能够穿着10厘米的高跟鞋整晚站街；我就做不到笑不露齿；……那又怎样呢？

每个人都是只丑小鸭，最可悲可怜无助和绝望的日子，都是那些想要变成别人，挤进别人的圈子的日子。当岁月渐渐流逝，有一天，你会发现，世界变得友善起来，那是因为我们自己变成了天鹅。

这个其实告诉我们两个道理：

时间定律：别人总需要一段时间观察和确认，才能真正知道你是一只天鹅；

价值定律：丑小鸭被认可，并不是它变成了鸭子。被别人认可的总是因为自身拥有的特质，而不是看起来像个更贵、更高级的东西。

想要改变阶层，那么收起自己拼命想挤进去的奴性，珍视自己的价值。

你活得没有别人口中说得那么糟糕

我有一个大学同学，毕业之后就再也没有见过面。我们前后都去了法国，但是从来没有联系过，万能的微信让我们在十几年之后又联系上了。

她住在巴黎郊区一个安静的小城市里，生了第二个孩子，创立了自己的家居品牌，成为独立设计师。

她给我打电话，请教一些关于自媒体运作的问题。

女人们讲电话，不是讲，而是在"煲"。我们讲了大概有十五分钟的自媒体运作，剩下一个半小时都在说闲话。

她说：

法国现在已经有过不下去的感觉。

法国大选，乱成一团，候选人，一个比一个差劲。

恐怖袭击人人自危，税又涨了，失业率暴增。政府推行延迟退休政策之后，又想法削减退休金。

法国人现在到底有多没钱呢？

周末和孩子同学的父母，带着孩子们去一个付费的游乐园，巨大的免费停车场只停着几部车。

中午在餐厅，孩子朋友的父母，不买儿童套餐，而是让孩子和自己分食……

等她苦水倒完，轮到我了：

哎呀，国内空气太不好了，雾霾连天。一整个冬天孩子和我都在不停地咳嗽。春天雾霾好点，我又开始过敏。

上海现在变成了全球最贵的城市。

除了工资，所有的东西都在涨，不是一点点地涨，是一节一节地跳。

卢中瀚的工作合同 8 月就要到期了，不知道该去哪里，找房子，搬家，孩子的学校……不敢想，想起来就一堆的问题。

我正说着，阿姨把饭端到桌子上了。

两个丫头一起扭头，这个说"我不要吃洋葱"，那个说"我不要吃鸡蛋"，两个一起异口同声地说："我们不要喝水，要喝可口可乐。"

我不得不提前挂了电话。先板着脸大声呵斥，让她们安静下来，再揉揉她们的脸，赔着笑，小声鼓励："孩子们，要好好吃饭。"

有一句法国谚语，我觉得可以送给天下的妈妈们共勉：原来我有我的原则，现在我有我的孩子。

当了妈的人，都会明白，我在说什么。

微信在不停地闪，我赶紧把最紧要的消息回了，然后手贱地点开了朋友圈。

看到一个搬去旧金山的朋友发了一款自己做的苹果蛋糕，写着："新家的第一个蛋糕，美国连苹果都奇葩，完全做不成法国苹果的样子。"

她几个月前搬去美国，一直没有联系。我给她发了条留言："最近好吗？"

三分钟之内，她给我留了两条六十秒的语音。看微信上面一直在显示"对方正在讲话……"我索性用语音聊天直接打过去。

她跟抓到稻草一样，跟我诉苦：

到了美国，人生地不熟。整个旧金山跑着找房子。终于找到一个建在山上的房子，离儿子学校很远，但离先生上班更远。

她没有驾照，不能开车；国际海运的家具，三个月才到，多有破损。

儿子不会说英语，现在搬到一个全新的环境，离开所有熟悉的人，本来就很敏感的儿子变得更加内向了。

她谁也不认识，什么也买不到，如果没有中介给她打电话，她一整天也不会讲一句话。

……

她的苦水还没有倒完，我家大门开了，卢先生回来了。

3月份，刚开年，一万个工作都要开展。卢中瀚一脸的疲惫和沧桑，脸拉得长长的，快拖到肚子前面了，孩子们跑过去欢迎，他只是敷衍性地动了动脸。

我站在厨房门口，他只将我当作是个挡路的立柱，绕过我，一句话不说进卧室换衣服。

孩子们都已经吃完了饭。我们两个头对着头，食不知味，有一口没一口地吃着晚餐。我想打破中间的静寂，搜肠刮肚地找话题，才发现我今天说了三个小时的话，全都是抱怨。

我尝试着说了两句，卢先生干巴巴地回应。我们彼此表明，我们没有生气，只不过有些疲惫而已。

我们又一次陷入沉默，各自想着心事。我在想：

我的推文还没写；广告商在催；阿姨下周要请假；婆婆要的东西还没有买；周末有外地朋友来……

有编辑送了我几本美丽的健康食谱，摊开放在桌上。我也想吃食谱上那些，没油没热量，颜色鲜艳的减肥餐，结果只能吃油腻腻的蛋炒饭……

我们总认为，别人活得就是比我好。

朋友圈的出现，把我们这种猜测的疑虑，变成了现实：全世界人活得都那么阳光灿烂，幸福快乐，最差的就是我自己。

有读者加我，第一句话说："终于加到你好开心。"

她也是一个有两个娃的全职妈妈。她说：

"我特别想加你微信，其实我就是想问你一句，带着俩娃写文章，请问你的时间怎么能安排得这么好？为什么我的生活总是乱成一团糟？"

我回复了一个正在大哭的脸。

面对这个问题，我也可以像其他的人一样，侃侃而谈我自己是如何有效管理时间，如何分清主次，目的明确，把自己变得更好，把自己塑造成一个成功的典范。

但是我知道，那不是我，是顺着别人臆想，编出来的一种美好光辉的样子，蒙骗别人，更蒙骗自己。

我一直觉得，每个人都是抓着树的猴子。看眼前的自己一身虱子，头顶上都是别人丑陋无比的红屁股，可当我转头看看别的树，别的树上都是幸福快乐，笑容灿烂的猴子脸。

这个问题的本质是视点而不是观点，我们活在自己给自己编织成的一种苦兮兮悲惨的假象里。

不要再怀疑自己，我们活得没有我们自己想得那么糟糕。

不要再羡慕别人，那些所谓的成功人士，只不过是外表光鲜，谁知道内心到底有多阴暗。

每当我觉得负能量超载的时候，我就像是一只鸵鸟一样，自己挖个洞，把自己埋进去。

然后竖着耳朵听着找我的人的脚步声越来越远。我可以长出一口气，靠着洞壁大睡一觉。

缓释自己的情绪，和相信自己，就是我一路走来的秘籍。

路总是崎岖蜿蜒，走不下去的时候，那就停一停。

自己拿出手机来照着镜子对自己大声说：

"拜托，你活得没有那么糟！请继续！"

有实力，
才有底气

∅

请问你到底在焦虑什么

　　去年的时候，我们去了一个柬埔寨靠海的小城市——西哈努克港。所住酒店是偶然在朋友圈里看到的，一见倾心，立刻向朋友要来电话号码进行了预订。

　　我们冒着倾盆大雨来到了酒店，刚好下午一点多点，整个酒店空荡荡的，完全看不到人，顺着指示牌，我们找到酒店前台。

　　正在办手续，有人走过来，一个矮矮圆圆的金发女生，真诚而热情地打招呼说："下午好，欢迎你们来。"

　　卢中瀚回应了一声，那个女生一听，嘴巴要咧到耳朵根了，马上开始讲带着英国腔的法语："您是法国人，太好了，我很久没有讲法语了。我叫Caroline，是这里的主管。"

　　吃晚餐的时候，我们在餐厅遇到了Caroline的男朋友Marc。他身材颀长，亚麻色的卷发，碧蓝眼睛，白色T恤，白色亚麻长裤，真是个帅小伙儿，有点像裘德·洛，和Caroline在一起很讨喜，有点秤杆和秤砣的感觉。

有一天，孩子们早睡了，我在房间里面写字，卢中瀚睡不着就出去逛了。等到我写完睡觉的时候，他还没有回来。

早上吃饭的时候，卢中瀚给我讲，昨天晚上，他与Caroline 和 Marc 聊了一整晚。

他们都是英国人，都学酒店管理专业，在伦敦非常有名的奢华酒店做管理工作。去年圣诞节来这里度假，沿着海滩就走到这里。当时这家酒店还没有完全盖好，还有一些收尾工作正在进行中，正好碰到来巡店的老板。于是聊起来，他们提出了一些非常好的建议。

聊到后来，老板问："酒店正在筹备开业，我们在找管理人员。你们有意向吗？"

离开现代化的伦敦，离开亲切的家人和朋友，离开自己熟悉的一切，去陌生的地方重新开始生活，需要的不仅仅是一时的热血，还需要非常大的勇气。两个人商量很久，然后他们辞职来到这里，开始他们的新生活。

卢中瀚给我讲这些的时候，兴致勃勃，一脸向往。我听了之后反问："可是万一得了急病了怎么办？等到他们有了孩子怎么办？等他们老了的时候，退休金怎么办……"

没等我一五一十把这些现实的细节补充完毕，就被卢中瀚打断了。他有点气愤地说："生活是动态的，每天都在改变。也许他们累积了几年经验，可以找到另外的工作机会；也许他们根本就是丁克家庭……人生一共能有多少年，我能看到的是眼前，他们住在这天堂一样的酒店里面，每天都很幸福。"

他把我噎得哑口无言，我气得背过身去用脚踢沙子。酒店的餐桌是直接摆在细软的白沙滩上的，看着眼前的碧海蓝天和棕榈树，其实他说得也有点道理。

这几年，我们带着孩子，满世界找海岛度假。

就在几年前，我们还住在巴黎的小房子里面。每个假期，不是刷墙，就是铺地板，要不就是跑装修市场，蓬头垢面，疲惫不堪。

再远一点，就在还没有遇到卢中瀚之前，我住在一间只有14平方米的小房间，别说度假了，即便去十几公里之外的地中海沙滩，也要等一个小时一班的公交车。

子曰："人无远虑，必有近忧。"

我是一个特别居安思危，没有安全感的人。我总在想：明天怎么办？下个月怎么办？明年怎么办？后年怎么办？老了之后怎么办？下辈子怎么办？

没钱，没保证，没后续，没底子，我的将来岂不是一定会死得很惨？

好吧，我承认我活得好焦虑，而且一天比一天焦虑。

公众号掉粉，我整夜睡不着。紧张。

公众号涨粉，不知道明天还涨不涨，担心。

在睡觉的时候，想着机票还没有定。

在吃饭的时候，想着邮件还没有回。

在陪孩子的时候，想着文章还没有写。

在走路的时候，想着合同还没签。

思迪数学题算不出来，不知道她能不能考上大学，万一找不到工作，怎么养得活自己？

我记得在子觅两岁半的时候，有一天我教她认颜色，她记不清，随口乱说，我又气又急又紧张，觉得她可能是色盲，不知道要不要去看医生。

……

世界大好，人人都加薪、涨粉，欢呼着奔向幸福，只有我，抬脚就掉进一个洞里，活该被人忘记。

上帝造人的时候赐给我们一对眼睛，我们可以清楚地看到别人的成功和幸福，可是眼睛长在自己身上，所以我们看不清楚自己。

我有一个已经是金领的朋友。无论工作，还是生活，她永远用尽全力。有一次我问她："你们的工作已经很稳定了，房子也都买好了，孩子上了国际学校，父母虽然老了，但是身体也都还不错，请问你到底在焦虑什么？"

她卡了一秒，没有回答，换了话题。

几天之后的早上，我看到她半夜给我的留言。

"你的问题，让我考虑了很久。我觉得我现在拥有富裕的生活，是因为碰巧生活在一个上升发展的时代。社会发展越来越饱和，我也会越来越老，越来越没有执行力，所以我焦虑。"

人心才是世界上最深、最大的窟窿，永远填不满。因为时光不能倒流，没有人换得回来那些惨淡的往昔。

在奥林匹斯山上，骄傲健美，精力旺盛，终日无所事事的希腊诸神们凑在一起，在宙斯的要求下，创造出来一个前无古人、后无来者，风华绝代，美艳绝伦的人造美女——潘多拉。她既有女人所有的优点，又有所有女人都有的弱点。

宙斯送给了潘多拉一个盒子，并叮嘱她说："这里面全是宝贝，但你千万别打开。"

潘多拉犹犹豫豫，最后还是打开了那个神秘而富丽堂皇的盒子。结果病毒、贪婪、残暴、虚伪、焦虑……所有的灾难都跑了出来，只剩下了希望。

这个故事有很多不同的版本，但大概的意思是同样的，潘多拉的盒子里跑出来的是人类的"原罪"，是人性中无法克服的那一部分弱点，用来消磨和打击自己。

我一直记得在马六甲遇到的一个人。

马六甲是一个很小很古老，但是文化交错的城市。我们去的那天很热，市中心有一个挺高的小山，我和孩子都不想爬上去，就派卢中瀚爬上去拍照片。山脚下有个小公园，里面有个儿童游乐场。孩子们跑过去玩，已经有个比思迪略大的金发小姑娘，正在滑滑梯。

儿童的友情建立堪比光速。十秒之后，思迪转头冲我大喊说："妈妈，她会说法语。"站在秋千旁边的小姑娘的爸爸听到了之后，转过头来看了看我，略显诧异。我知道我没有长一张会讲法语的脸，我笑了笑跟他打了招呼，然后我们开始攀谈了起来。

　　他们是法国人，是自驾到这里的，他给我指了一下远处的房车。在他和妻子很年轻的时候，就去了加拿大魁北克定居。

　　他们都有了不错的工作，买了带花园的房子，还生了两个孩子。可是十几年后，他和太太的公司居然先后倒闭了，他们也失业了。想了很久之后，决定卖掉加拿大的房子，迁回法国。

　　他们的房子卖得出人意料的顺利，价钱也卖得出乎意料的好。人生大洗牌，为什么不趁这个机会停下来，想一想怎么重新开始自己的人生呢？最终，他们决定用一部分的积蓄来旅行。

　　他们买了一辆房车，带着两个孩子，开始旅行。

　　最初的计划是，旅行一年，然后回法国买个房子，找工作。可是一年很快就过去了，他们完全不想停下来。从西欧到东欧，到中亚，再到东南亚。现在已经是他们在路上的第四年。卖房子的钱已经用了大半，他们打算等到把钱都花光之后，再重新开始。

　　我目瞪口呆地看着眼前这个蓄着络腮胡子的男人，风轻云淡，慢条斯理地讲着他的人生。

　　我的第一个问题是："孩子的教育怎么办？"

　　他说："我们申请了法国的小学远程教育。我太太教他们。我们现在在游乐场，就是因为儿子在上课。"

　　他给我讲了走在路上遇到的令人叹为观止的奇遇。四处行走的人，已变得淡泊，宠辱不惊。犹豫了很久之后，我问出了心中的疑惑。

Ø

"你们这样子生活，想到未来的时候，难道不害怕吗？"

他笑了，转过身换了个姿势说："无论是焦虑还是害怕，其实都是对未知事物的渴望或者无知。到目前为止，我已经遇到并处理过了太多太多的情况，我知道我可以相信自己。"

他的儿子跑过来叫他们回去。我们站起来道别。天大地大，就此别过，后会无期。

每个人的人生总是充满了各种各样的问题。如果我们把问题看成一个实体的话，焦虑就是它的影子。影子的大小其实和实体无关，如果我们无法扼制对黑色影子的害怕，唯一的办法就是快跑移动自己的位置，让其接近希望的目标。

把自己陷进无法控制的焦虑中，承受辗转反侧的折磨，完全是自己在折磨自己。

未雨绸缪和杞人忧天中间，其实还有一大块广阔的距离。迎着太阳飞跑，影子就会被拖在身后，而且越来越小。

焦虑解决不了任何问题。与其用大好人生来焦虑，不如选择相信自己，专心努力。

读到这里，要深吸一口气说：

"我可以。"

·
·
·

第三章

不是情商低，
而是我们缺少界限

·
·
·

**有实力，
才有底气**

你缺的不是情商，是成长

有一次，我在香港机场，突然看到有工作人员带着一个年轻姑娘向登机门跑过去。那个姑娘有二十几岁吧，大长腿，穿着很时尚，提着大大小小好几个机场免税袋子，边跑边哭，吸引了不少人的注意力。

国泰航空规矩向来严明，换了登机牌后，广播几遍催促登机，如果还不登机，过点不候。当他们跑到登机口的时候，飞机已经起飞了。

姑娘居然一屁股坐在地上，购物袋散了一地，放声大哭。工作人员也是个姑娘，但是比她矮半头，试图说服她站起来，她不听，呼天喊地说："怎么办？怎么办？"边哭还边拍着大腿，看年龄她是有二十几岁，看动作跟4岁的子觅耍赖的样子如出一辙。

无奈之下，工作人员用对讲机叫来一个人高马大的保安，强行把她扶起，一左一右地搀着走了。

不管出于什么原因，误机都是一件倒霉而讨厌的事情。既

070

然已经误机了，那就更应该冷静，想办法把损伤降到最低。

这么大的人哭成这样，真的有点太难看。哭，其实是一种无可奈何的示弱，只对真心爱我们的人有效，针对其他人未必有用。

看样子这个姑娘平时在家里是被宠坏了，哭能解决她所有的问题吗？

我朋友的公司招了两个实习生，面试时说："只有一个转正的名额。"

A 姑娘，人长得水灵，嘴巴甜，情商高，善于处理人际关系，在同事之间很受欢迎。

B 姑娘，不善谈还有点执拗，但干活麻利，同事之间，她明显没有 A 姑娘受人欢迎。

实习快结束时，我朋友说服公司，专门成立外联部这样一个部门，作为一个小领导，她把两个姑娘都留了下来。因为是新增的职位，人事要求走些公司内部程序，我的朋友恰好有紧急任务，提前出差去了。

回来的那天，A 姑娘给她打电话，她没有接到。当到了家，看到 A 姑娘发了很长的微信内容，写的全是委屈和失望。

她一头雾水，忙完之后，赶紧给 A 姑娘打电话。A 姑娘哽咽着说："你选择留下 B 姑娘，我知道你一定有你的理由。但是我真的非常失望，为什么留下来的不是我？"

她惊讶道："谁给你说，我选择留下 B 姑娘？"

A 姑娘顿了一下说："人事部上午在准备 B 姑娘的入职合同。姐，你为什么不选我？我已经很努力在工作……"

她听着气不打一处来，谁不是在努力地工作？她连续出差一周，累得像狗一样刚回了家，连自家的孩子都没有力气哄，还要哄二十几岁的实习生。她说："你的工作另有安排，明天上班再说。"

A 姑娘继续说："姐，你先别挂，你能给我解释一下为什么吗？"

她头疼欲裂，再次打断了 A 姑娘的话："明天再说。"

不知道什么时候起，"情商"变成了一个流行的词语，人人都在说情商很重要，并会揣摩自己情商指数，研究如何快速提高自己的情商。

事实上，"情商"是个仁者见仁智者见智的事情。没有人能说清楚，情商究竟是受情绪控制，还是受格局制约。

我们只是人云亦云，觉得快速提升了自己的情商，就能耳聪目明，日进斗金，受人爱戴，家庭美满，人生幸福。

其实，今天我们讨论的"情商"，就好像前段时间被热烈讨论的"教养"一样，被家庭、格局、品位、阶级和财富等这些看起来很高贵的词语包围，仿佛拥有了这些就可以实现通天的捷径，就可以跳上龙门，扬眉吐气。其实，只不过是被包装得金光闪闪，高大无比而已。

在今天的社会中，每个人都承受着非常大的压力，人人都以自己的方式焦虑着。焦虑并不是一件毫无用处的坏事，焦虑能促使着每个人想方设法地努力进步。躲避焦虑最好的办法，就是咬紧牙关主动出击。

然而，在讨论情商或教养这一系列自我修养的话题之前，我们先要自我检查自己人格的成熟程度。人生并不是一场只有选择题的考试，人生需要的是在社会群体中，做出完整而客观的自我评判，这和个人认知的深浅程度有关，和聪明与能力的关系甚浅。

然而，当"宝宝"成了一个萌萌的称谓，那些口口声声自称"宝宝"的人，绝对不仅仅是一种口头上的矫情，而是一种隐藏的情怀——时间易逝，年华易老，我不愿意长大。

于是，在我们周围，有太多成年人，怀着一颗粉嫩的宝宝心脏，行走在少儿不宜、刀光剑影的江湖。

我从小到大，总是被人评定过于单纯，不够成熟。在我人生的若干年中，我一直都很困惑，到底什么是成熟？

我一度以为成熟就是城府。上班第一年，当面给我眉开眼笑的同事，背后默默捅我一刀。

我二度以为成熟就是市侩。那个说爱我到海枯石烂的男人，转头就跟着母亲大人去相亲，因为女方是北京户口，皇城根下有房子。

我三度以为成熟就是世故。一桌子的陌生人，一眼望去，孰轻孰重，谁有钱，谁有势，谁要敬着，谁可以踩着，都心知肚明。

　　我四度以为成熟就是迟钝。不再伤春悲秋，不再风花雪月，一切都已经过去了，不再拥有激情和梦想。

　　……

　　所有和成熟有关的事情，好像都不怎么色彩斑斓。那时候，我还年轻，常常想，这个世界上最可怕的就是成熟，我才不要变成那种没有波澜，毫无生机的样子，我要这一辈子都新鲜晴朗，轻舞飞扬。

　　事实上，半辈子噼里啪啦走过来了，我才明白，成熟是一种自我修炼。摔了那么多跟头，然后就可以神清气爽，轻车熟路。

　　当我们成熟之后，我们才会明白，重要的不是买了什么包，而是购买的轻松程度。

　　当我们成熟之后，我们才会知道，能够咬着牙扛起重担，责任感比吃苦受累更令人满足。

　　当我们成熟之后，我们才会清楚自己的长处和短处，以及自己到底是块什么材料。

　　最重要的是，当我们成熟之后，才可以宽容地看待这个世界，理解别人的苦衷，也理解自己的焦虑。

　　工作、赚钱、读书、考试，这个世界上的每一件事情，聪明的人都能找到事半功倍的捷径，然而我们唯一找不到捷径的就是自己的人生。

　　没有经历，没有付出，没有吃下去的苦，没有吐出来的酸楚，我们永远都不会成熟。

　　所以，你缺少的不是情商，不是智商，不是美貌，更不是优秀的爹妈，你缺的是作为成人，能够担负的肩膀。真的别再把自己当小孩子了，你早就是大人了，人生最重要的就是成长！

为什么情商越低的人，底线越高

我有一个已经两年没有联系的朋友。我们不联系，不是因为大家都忙没时间，才日渐疏远的，而是我们为了某件事情产生了矛盾，公说公有理，婆说婆有理，互不相让，彼此都僵持起来。

朋友和夫妻不一样，夫妻床头吵架床尾和，朋友生气，如果气生不出来，那就僵持着。怨恨永远都比原谅容易。

因为我们还有其他共同的朋友，所以我们并没有相互拉黑，只是不再联系。其实比拉黑更高级的是完全无视。

前两周，我突然收到她的一封邮件，用一种冷冰冰官方辞令问我能不能把两年前用我的账号买的一个家用电器的店铺链接给她，她的电器坏了，要购买配件……

看了以后，我第一反应是很愤怒。两年没有讲话，竟然为了自己一个小配件给我发邮件，而且用冷冰冰的，以下通牒的方式对我说话。

那是个周末的早上，我边喝咖啡边看邮件，气得我多吃了两块黄油饼干。

卢中瀚把脑袋凑过来看了看，知道我在气头上，开始没说话。中午做饭的时候，他慢吞吞地说："做人要学着比别人高明，你……"

我强硬地打断他的话："高明的人也有底线，绝对不能碰触我的底线！"

第二天，有朋友孩子过生日，邀请了我们家的孩子，在我送孩子过去的时候，迎头碰到她，她过来问我："你收到我的邮件没？"

我说："收到了，但是时间实在太久，我找不到那个店铺了。"

我是一个绷不住的人，说这话的时候，我自己也觉得脸皮发热，心跳加速，太阳穴突突直跳。

我们两人对视了一秒钟，她的眼睛里写满了怀疑。不过，我的信息已经传达完毕，就是：我有，但我就是不想给你。

她点了点头，话到尽头，我们各自转头。

我开着车回家，阳光照着我的脸，分外刺眼。我愤愤不平地想着整件事情，这个人怎能这么自私？

我突然想明白，我愤怒只是因为我把我的底线定在她还是我的朋友的这个位置。

我回想了一遍，我们在一起经历的所有美好时光。

时光如梭，覆水难收。

我意识到，我们再装，也无法把过去擦干净；就算失忆，我们也永远都不可能再成为朋友。在接下来的人生中，我们充其量也只不过算是一个曾经认识的人。

如果仅仅是一个曾经认识的人，我会怎么办？

回了家，我把地址找出来，发给了她。

下午，卢先生去接孩子回来，意味深长地对我说："有人让我对你说谢谢。"

我耸耸肩，轻松快乐。

我到了 40 岁才明白，人生其实很简单，快乐其实很容易。快乐的秘籍，并不是去努力创造那些高附加值，而是做我们自以为会让自己快乐的事情。

快乐是一种体验，最关键的是如何界定自己的底线。

我曾经听到过这样一个故事。

有一个禅师每日坐在河边冥想，希望找到快乐幸福的法则。他看到对面山上住着的一个柴夫，每天都要挑着木桶到山下打水，可是奇怪的是柴夫从来不把水装满。

有一天，禅师实在是忍不住，就问柴夫："从山上到山下这么远，你都走下来了，为什么不把水打满？"

柴夫说："山路泥泞非常难走，如果桶里的水满了，走在路上水会洒出很多来，到家只能剩下半桶了，而且整桶水很沉，我挑着也很吃力，万一摔了跤，更是前功尽弃。所以，水打到这里刚刚好。"

柴夫说完就挑着他的半桶水走了，留下禅师坐在石头上，恍然大悟。

年少的时候，我一直以为这个故事讲的是人生追求，不要把人生目标定得过高。

到了中年，我才明白，这故事讲的是底线！

这个世上有两种人，或者说每个人有两种不同的状态。

第一，把底线定得太高。

第二，完全没有底线。

把底线定太高的人，一辈子都在奔跑，却永远也追不上幸福。完全没有底线的人，完全没有界定，没有要求，随便至极，卑微到底，从来不会明白什么是快乐。

我们总说情商，它到底有多么玄妙呢？

我觉得情商体现在辩证系统中，是一定要给自己划定底线。触底之后，物极必反，只有反弹，也就是只有上升。如果没有底线，没有反弹，一路跌向深渊，只能失败得一塌糊涂。

定一条底线，就是自己告诉自己一个最坏的打算。当这件事情已经坏到底线，就不可能再坏下去了，剩下的只能上升。

设定最低目标，争取最大期望值，这就是近年来被热议的"底线思维"。

可是到底应该如何界定我们的底线，这才是需要考虑的问题。

我曾经认识一个年轻人，名校高才生。毕业后，他做了一个很详细的计划，毕业一年、三年、五年，乃至十年的展望，清楚明确，一目了然。

可是从学校到职场，是一个从地到天的变化。有太多不确定性，无法预计。

毕业第一年，他勉强地达到他的计划。到了第三年，他开始和自己的计划有了距离。

他发现有人拿到了更多的年薪，升迁到了更好的位置。他非常苦闷，顿时觉得人生完全没有意义。因为他认为像他这样的高才生，就应该有这样的人生目标，达不到就是出了问题。

他开始变得尖酸刻薄，觉得这个人上位是拼爹，那个人加薪是拍马屁，总抱怨世界上有才华的人往往怀才不遇。

在工作的第四年，他们部门被精减掉了。有一半的员工被公司分流到其他部门，还有一半的人，包括他，拿了一笔遣散费，作鸟兽散。

变相失业，这本来是一个悲伤的故事。可是绝望之后，他想明白一件事情：这已经是最差的人生了，还有什么能比这个更坏的？从谷底出发，从现在开始，每一步都是上升！

他准备好简历，满世界面试。他找到了工作，虽然工资比原来低点，但是职位有发展前景。

然后他的人生变成了另一种样子，升职加薪不断，每次见到他总是笑容满面，能够感受到他内心真实的愉悦。

我们总是在讨论情商高低，不会说话，是情商低；给人难堪，是情商低；对人指手画脚也是情商低……

对，这些都是情商的问题，我也同意。但真正情商高的人，是在让别人觉得愉悦舒适之前，先学会把自己的日子经营得快乐幸福。

每个人都是抗压性很强的动物。在漫长的人生中，我们遇到最大的问题，往往不是来自外界的压力，而是来源于自己。

外界的那些现实的物质刺激，只不过是我们心里一种变相的映射，不能从根本上改变自己的情绪。

调整自己的状态，调整自己的情绪，设定一条自己可以接受的底线，可以最大限度地克服自己的恐惧心理，摆脱自己内心的焦虑，把自己修炼成一柄无所不为的利器，成功在即。

在很多时候，成功和失败、幸福和悲哀、快乐和痛苦，我们和世界，差的就是那条看不见的底线而已。

∅

小女生想奉献，大女人定界限

自从公众号开号以来，我收到过很多次类似的问题：

"卢璐姐，男朋友说：没上床，不算真爱。我是不是该跟他上床？"

每一次我都怒怼回去："上床是你情我愿，不是证据！这种男人早点扔掉！"

我不知道究竟有多少姑娘听了我的话，但我知道大多数姑娘都没听我的话。

因为我收到更多的回复："我太爱他了，我离不开他……""如果我拒绝了，我怕他离开我……"情况不同，每个人的付出不同。

"付出"是女人们的共性。陷入真爱就意味着，时刻准备着，上刀山下火海，粉身碎骨，在所不惜。

就连王菲这么孤冷的女人，都会住进北京胡同的民房里，去公共厕所，自己生蜂窝煤炉子。

就连张爱玲这么高傲的女人，都会说"喜欢一个人，会卑微到尘埃里，然后开出花来"。

父系社会几千年，一代接着一代的影响，已经把"奉献"烙印在女人最深刻的意识里面。

今天，女人们在认真思考以后，会迎风大呼："我是女人，我独立！"

然而，过不了多久，女人还是会恢复潜意识里的默认值：

男人比女人天生拥有更多的选择、优势和天赋，男人的爱是一种"荣幸"，而自己是丑的，卑微的，不值得尊重，也不值得被爱，需要通过讨好和付出，才能赢得男人的爱。

这就是为什么每次提到"出轨"二字，下一句被骂的都是蠢猪一样的男人。因为在女人的潜意识中，没有男人是忠诚的，出轨只是一个时间和机遇问题。

这也是为什么宫斗大戏，一场比一场火热，你死我活地争，只为了那么一点宠爱。因为在女人的潜意识中，男人的爱，是有时间和数量限额的，碾压着别人争来的才是至高无上的真爱。

所以波伏娃，在她的《第二性》里面写道："女人，不是生而为女人的，是被变成女人的。"

我有一个白富美朋友，名校毕业。还是姑娘的时候，是位心高气傲的作女。对付男人，花样百出，虐男有方。

后来她遇到了一个自己深爱的男人，高大英俊，工作优秀。结婚的时候，郎才女貌，门当户对。

她老公仕途顺利，越来越忙。婚后，她申请调进最没用的科室，基本没有工作内容，变成了兼职工作的全职主妇，低眉顺眼，相夫教子。

最初几年，她变成了快乐而忙碌的小主妇，她觉得能帮他打理一切，照顾好自己的家庭，是她心甘情愿的付出，她幸福。

渐渐地，婚姻进入平静状态，日复一日，她觉得自己委屈，迷失了自己的价值，被家人熟视无睹。

她开始审视自己的付出和牺牲，开始质疑自己的爱情和婚姻，经常自己问自己，为什么自己要担负起整个家庭的责任？

有一次下大雨，她出门办事，被堵在路上。老公和孩子都已经到家，她电话里说，菜都择好的，炒一炒就可以吃。

当她到家时已经快晚上八点了，停车的时候，看到厨房灯亮着，心中一阵激动。"终于有一次，我也可以吃顿现成饭。"她想。

进了门，老公和孩子斜躺在客厅沙发，吃着薯片和花生米，一起看网球比赛。厨房灶台上，放着一堆被拆开的零食包装纸。择好的菜还在水里泡着，甚至没有拎起来沥干。

她突然爆发了，把所有零食的包装纸扔了一地，歇斯底里地大叫："为什么都靠着我？没有我难道你们都不活了吗？"

她老公和孩子都莫名其妙地看着她，说："不可理喻。"

他们早就习惯了她的照顾。现在让他们无法接受的是，为什么她突然变成了恶毒无比的怨妇，情绪低落，抱怨不休？

我们煲了两小时的电话粥，那天她真的气急了，给我讲的时候，几乎用喊的方式。

我等她都说完，问她："为什么不把自己的要求提出来，各自分工，做个界限呢？"

她安静了一下，然后说，她觉得她老公在外面打拼很不容易，好不容易回了家，就想休息。孩子上了中学，学业繁忙，想吃点好的。而她对这个家没有功劳，只有点苦劳。为了这个家，她宁愿辛苦一些……

我听了半天她似是而非的回答，最后问她："你是不是害怕？他是成功人士，你是黄脸婆，你害怕对他提要求，因为你害怕他会嫌你烦，会离开你。"

她半晌不语。

我是一个心宽的女人。我没有把男人想得那么坏。

我觉得波伏娃那句话，换成男人也适用："男人，不是生而为男人的，是被变成男人的。"

男人的本质不是组成团队，一起共荣，而是要时时刻刻地相互竞争，展示自己的优秀性。

从本质来说，男人比女人更自私，也更偏执。但是爱会改变男人。当男人爱上一个女人，男人会情不自禁地想去给予，他们会发现给予才是自己最大的价值。

但是男人的给予和女人的付出，虽然都有"给"的意思，但是两个是完全不同的概念。给予是给自己想给的；付出是给对方想要的。

在我看来，世上大多数婚姻的矛盾莫过于此：

女人按照男人的要求付出，男人按照自己的想法给予。一来一去，女人觉得自己没有受到足够的重视，伤心欲绝；男人觉得，自己赠予的，总不是女人想要的，失望无比。

婚姻仿佛是一个荷尔蒙弥漫的战场，一个成功的婚姻，不是谁占领了谁，而是两军阵前，歃血为盟，达成稳固的阵线。

女人需要在婚姻中学会进步，而男人则需要在婚姻中学会退步。这才是完美婚姻的基点。

想要在婚姻中学会"进步"，第一步是要从青涩的女孩，变得成熟。生理上的成熟和心理上的成熟，是两个完全风马牛不相及的事。

让女孩成熟，不是撕碎那张根本看不到的处女膜，而是有底气地撕碎缠在身上的"奉献"枷锁。

让自己相信，自己值得被爱，值得珍惜，要敢于划定界限。学会接受和有勇气说"不"，才是一个女人真正成熟的表现。

我有个法国朋友 43 岁的时候，把工作减少了一半，进入大学学习自己想学的心理学。

她和老公定好，每周一和周五是她去送孩子，每周二、三、四，是老公去送孩子。每个孩子有自己每天必做的工作，老大负责他们的狗，老二负责洗碗机，老三负责擦桌子。

这是一个看起来非常疯狂的计划，但真的运行下来，每个人都幸福无比。家庭是一个精密仪器，各司其职，才各有价值。

对真正爱你的男人来说，界限是一个明确的参照物，而你要让他明白应该给予你什么，他才会尊重你的意愿。对那些不爱你的男人来说，界限是一个带着铁丝网的监狱，让他望而却步，转头跑路。

世界上总有很多人在享受奴隶的服务，但是没有人会爱上奴隶。

小女孩想奉献，大女人定界限。

总有一天，当我们可以泰然自若地定义界限，我们才真正成了女人，风轻云淡，相看两不厌。

正是你要的极度自律，才让你极度焦虑

年初的时候，我朋友把她公司搬到我家隔壁新建的写字楼里。近水楼台先得月，我们有时会约着一起吃午饭。

我经常去她公司，午休的时候，别人或者说说笑笑，或者追剧，或者睡午觉。可是有个小女生，每次都在静静地看书，而且看的不是流行小说，而是英文原版资料。无论何时何地，一个聚精会神读书的小姑娘，总是极美的。我便一下就记住了她。

朋友告诉我，这个小姑娘叫夏天。她并没有看上去那么年纪小，已经毕业几年了，马上就 28 岁了。她读书，是因为准备考在职的 MBA。

夏天是一个这样的女生，极简主义，素食，素面，从来不化妆，衣服只有黑白灰三个颜色，背着原木本色的大帆布袋子，穿着雪白的网球鞋，守时精确。

朋友是个爱才的小老板，在不影响本职工作的情况下，她非常支持自己的员工继续深造。为了不耽误夏天晚上的辅导班，

她重新给夏天安排了工作，还许诺她如果考上 MBA，公司可以给她负担一部分读书的费用。

夏天是朋友最爱的下属，每次教育别的员工，都把夏天拿出来当例子："看看人家夏天，你们就不能树立起时间观念？拜托！你们自律一点，好不好？"

的确，夏天是个极度自律的人。

她每天早上 5 点起床，洗漱完毕，5：30 开始晨读，按照"番茄工作法"，读 25 分钟，休息 5 分钟。然后，再读 25 分钟……6：25 开始吃早餐。一杯牛奶，一个水煮蛋，一个苹果。

然后，6：50 出门，她总是坐 7：04 分的地铁。除非上海地铁系统出问题，否则，她每天会在 8：09 准时打卡，8：10 分开电脑。

等着电脑启动的时候，先去茶水间预热咖啡机，再去一下洗手间，回来的时候，做一杯不加糖的黑咖啡，8：15 分开始工作。天天如此，工作两年半，从不会出错。

最近，自律变成了一个时尚的新概念。

自律是每个人对自己的要求和修炼。一个人可能达到自律的级别，也就是一个人能够掌控自己的级别。这一辈子，我们可能会遇到很多对手，最强大的对手其实是我们自己。

如果我们可以战胜自己，那就给我们的人生赢得了更大的可能性，最大化地提高了自己的人生效率。

然而，自律是艰难的，对于一个普通人来说，我们根本做

**有实力，
才有底气**

不到自律，更不要说极度自律了。

越是难以做到，越稀少的东西，才越有炫耀和追捧的价值。

人生就是一座围城，我们总是在盲目崇拜自己所得不到的价值，就像没钱的人总是更想要钱，没有伴侣的人总是更想要结婚。同理，追捧膜拜自律的人，是因为自己做不到自律。

初夏的一天，我又去朋友的办公室，夏天的位置空着，电脑也没开。

我说："太阳从西边出来了，夏天居然没有来？"

朋友看了看我，没有说话。我们出来吃饭，朋友对我说："夏天这个孩子！哎！我真不知道该怎么说，她辞职了。"

原来，夏天没有通过 MBA 的考试。在职 MBA 本来就很难考，而且她报的是全国最好的 MBA，竞争太激烈了。

虽然所有的人都安慰她，但是这对夏天是一个严重的打击。那段时间，我朋友正好在外地出差，公司人事部给朋友反馈："夏天最近有点不正常。她还是准时来公司，但是一整天都坐在那里，什么也不做，对她说什么，她都好像没有听见。"

朋友赶紧给夏天打电话安慰："想开点，只要你有信心，咱们还是有机会可以继续考。再说一次考试并不可能决定一个人的一生。如果你要觉得压力太大，那就休息一下。反正这几年，你都没有怎么休年假。"

没想到，第二天夏天就辞职了。她给朋友发了封邮件说："莉莉姐，我已经没有在公司待下去的理由，我辞职。"

"What？"

朋友赶紧再给夏天打电话，想给她解释，她完全没有劝退她的意思。可是夏天不接电话。朋友又写了一封情真意切的邮件，夏天回了一句："莉莉姐，我拼命地努力，然而我完全失败了。谢谢你对我的厚爱，我辜负了你。"

再爱才的老板，也不是老妈，可以肆意容忍员工的任性。事到如此，也只能叹息。

朋友长长地叹息："可惜了她那份严以待己的自律。"

诚然，自律代表了一个人对于自己的掌控程度，然而可怕的是，在当下很多人口中所谓的"自律"，只不过是在试图掩人耳目，隐藏自己无处发泄的焦虑。

在网络时代，每天排山倒海一样的信息量，让我们脑洞大开。然而也正是这些巨大的信息量，让我们焦虑。

我看到过一个关于"人生幸福指数研究"的报告。

从大学毕业步入社会之后，幸福指数逐渐走低。因为学习自律并不是一件简单的事情。然后在结婚前后，会有一个小小的幸福高潮，人们以为人生从此可以开始幸福。

事实上，人生的幸福低谷是在结婚之后的六到七年之间。这段时间，对于大多数人来说，事业并没有特别明显的建树，孩子出生了，需要非常多的时间和精力照顾。幸福指数在孩子6到7岁之后，开始非常缓慢地回升。到了我们认为的"无力无助的凄凉老年"，反而是人生最幸福的时期。

∅　　当我看了这个报告之后，沉思了很久很久。

因为这个数据被跟踪调查分析出来，相对客观的幸福曲线指数和我们大多数人臆想的 20 岁出名，30 岁成功，40 岁经济独立，买个小岛然后退休，这种辉煌的人生幸福曲线，差得太远了。

于是，我们很多人大呼：梦想太丰满，现实太骨感。其实，在梦想和现实之间，全是满满的焦虑。

人生最重要的并不是控制自己，而是挑战自己。因为每个人都和冰山一样，有超过 90% 的潜力藏在海里。挑战自己，证明自己，更多地挖掘自己的价值，把自己的一辈子活出几辈子的宽度和厚度，这样的人生才最有意义。

可是，在能够挑战自己之前，我们需要学会控制自己，自己对自己制订驯服的计划，这也就是所谓的自律。

问题不是自律，而是极度自律。

在这个世界上，任何事情，要的都是张弛有度。任何事情过度极端，结果只能物极必反，水满则溢。

比如，完全不吃饭，一定饿死，可若吃得太多，难免会撑死。

再比如，完全不运动，身体会严重退化，可完全无节制的运动，亦会损伤自己的身体。

自律也是这样子。完全不自律，等于没有任何自制力，可如果极端自律，其实是自己把自己关进笼子里，让自己的人生没有了回旋的余地，很容易被逼上绝路。

其实最成功的人生，并不是为了成就更好的自己，而是更好地成为自己。

人生需要自律，但是一定要把握好度。千万别用极度自律给自己画出一个框子，把自己框进去！人生最美的那部分，往往正是我们无法掌控，然而却心中期望的未知！

真正的完美，就是学会接受缺憾

我和两个姑娘吃饭。

Nicole 是大连姑娘，雪白的皮肤，大眼睛，高鼻梁，手指修长，涂着可爱的小笑脸的指甲，时尚又美丽。

Sherry 是江苏姑娘，瓜子脸，直鼻子，小嘴巴，眼睛也小小的，微笑起来像个月牙儿，很有点水乡姑娘的秀气。

我们认识很久了，也合作过几次了，但仅限于线上，今天终于见面了，犹如老友重逢。边吃边聊，此时，Sherry 从包里拿了一副空的眼镜框出来，架在鼻子上。

说实话，如果不是去 Studio 拍照片，或者去摄影棚录节目的话，我一直都不太能理解，为什么有人会带一副空的眼镜框。我知道这流行，但这的确是一种奇怪的流行。

今天难得遇到一个戴着空眼镜框和我吃饭的人，我赶快问："你为什么戴个眼镜框啊？"

Sherry 有点害羞地对我说："我今天带了棕色的美瞳，这样会让眼睛看起来大一点。但是，因为我平常戴眼镜戴习惯了，我觉得带上眼镜，心里更安全一点。"

"是因为不习惯戴美瞳吗？"我问。

Sherry 无限感慨地说："其实，我一直想去割双眼皮，但是我不敢。"

我把看刺身和寿司的注意力集中起来，仔仔细细正视她的脸，的确，她眼睛小小细长，还肉肉的。

Sherry 说："我其实已经研究很久了，我这种眼睛很难割，因为肉太多，需要先吸脂，然后再开眼角，手术很大，完全不像别人割双眼皮那么简单。所以好纠结！"

我一下子明白了，她觉得自己不漂亮的根源在于眼睛小，所以她想把自己藏起来。一个空眼镜框，虽然挡不住什么，可总比眼睛前面什么也没有强，更有被隐藏的安全感吧！

Sherry 问："卢璐姐，你说我要不要去割双眼皮？"

我点头，"现在割双眼皮，已经是一项非常成熟的手术，如果你想割，就去割。但是……"我顿了一下，又说，"问题是，等你割了双眼皮，你会不会觉得眼睫毛不够长，鼻子不够直，皮肤不够白，个子不够高……"

Sherry 听后使劲点头道："你怎么知道的？你说的我都想过。"

我笑了起来："因为，这些我也都想过！"

在过去很多年里，我也曾经和 Sherry 一样，困扰到极点。当然困扰我的不是眼睛，是鼻子。我的鼻梁很小，又是个大方脸，整张脸看起来很平，完全没有立体感。

从少女时代开始，我一直在犹豫该不该隆鼻。到现在我还有个习惯性的动作，托着腮的同时，会用小拇指盖着鼻子。

她们两个齐刷刷地看着我的鼻子说："没有啊，卢璐姐，的确你的鼻子不太大，可是我们真的没有觉得你的鼻子很丑啊！我们看到你，就觉得你气场强大，压根没有注意到你的鼻子。"

我说："同理，Sherry，对于我来说，我是有看到你的肉肉的细眼睛，但是我完全没有觉得你的月牙眼很丑，反而我觉得很清秀，很可爱。"

除了美发师、化妆师，或者医美代表，对于绝大多数没有职业习惯的普通人来说，当我们看别人的时候，视点以及角度，和看自己大不相同。

当我们看别人的时候，看到的是一个整体的感觉：容貌装扮、谈吐举止、精神气质……可是当我们看自己的时候，看到的仅仅是自己的缺点。

在应试教育中长大的人，最可怕的后遗症就是我们根深蒂固地认为，世界被清清楚楚地分成两部分：标准答案和错误答案，这也就意味着满分和零分的区别。

从历史和文化角度上来说，当下中国美人的标准答案是没有辨识度的网红脸：瓜子脸，柳叶眉，杏仁眼，樱桃小嘴一点点。凡是脸上不符合这个标准的，都不幸被划分为丑女。

看看我们耳熟能详的好莱坞明星，如果朱莉娅·罗伯茨

（Julia Roberts）在中国，她那么大嘴怎么算得上美人？凯拉·奈特莉（Keira Knightley）也算不上，因为地包天；莫妮卡·贝鲁奇（Monica Bellucci）近看全是皱纹；詹妮弗·洛佩兹（Jennifer Lopez）值 3.5 亿美金的屁股，实在是太胖了吧！

然而事实上，这些所谓的不标准，不但没有影响她们的美丽，甚至成为她们美丽的特征。

20 世纪 90 年代中，全球最赚钱的模特辛迪·克劳馥（Cindy Crawford），她的左嘴角有一颗很明显的痣。我曾经看过有关辛迪·克劳馥的采访。她说，出道艰难，很多人建议她去切掉那颗痣，她自己也犹豫很久。可是谢天谢地，幸好没有切掉，就是有了嘴角的痣，才成就了全世界最值钱的脸。

学过画的人都知道，一个人长得越标准，肖像画起来越难，因为没有特点。全天下的人都是一个鼻子两只眼，让我们真正有别于其他人的地方，正是我们异于标准的那些缺憾。

所以，当我们经常错误地认为，人生所有的烦恼和问题，都只不过是从 A、B、C、D 中找到那个隐藏的标准答案，可事实上，我们不知道的是，除了那些设计出来的考试题目之外，人生没有什么问题能有标准答案。

在过去很多年中，我们总是把不修边幅看成一种浪漫主义的气质，只要是天生丽质，穿件麻袋都是美的。同理，我们也总是说：只要天赋异禀，功成名就根本就不费吹灰之力；或者只要有好爹，荣华富贵根本就是招之即来的东西。

∅　　　　……

　　然而，事实上那些所谓上天赋予的特质，根本就不是让我们人生完满的必要条件。

　　当我们要祝福某人的时候，我们总爱写：某某同学，祝你心想事成，万事如意。就是因为，生活中，我们很少能够心想事成，万事如意。

　　这一路走来，总有挫折、失败，甚至有时候会跌入谷底，遍体鳞伤，奄奄一息。如何面对自己的不如意？最容易的办法就是：找到一个不可抗拒的借口，把问题嫁祸出去。

　　面试不成功，那是因为我眼睛小，长得丑。

　　考试不成功，那是因为老师给我讲错了重点，划错了题。

　　婚姻不成功，那是因为这个世界上，根本找不到不想出轨的男人。

　　人生不成功，那是因为父母没有读过心理学，让我从头到脚受到原生家庭的伤害。

　　……

　　找个借口，把责任推脱出去，执行起来很容易，但终究只能是一时的敷衍。

　　作为自然世界中的一种动物，被生下来本来就是一个中了大奖一般的奇迹。不过既然来到了人类社会中，我们要自己赋予自己人生的意义。

　　每个人的人生都是一段自我修行，可以跋山，也可以涉水，或者原地打转，无论上天入地，走捷径还是绕远路，我们最重要的不是成为一个看起来完美无缺的标准答案，而是在现有的七十多亿人中，找到那个有优点、有缺点、有好有坏、有圆有缺，但是举世无双，不可代替的自己。

当我们终于学会了接受自己的缺憾，当我们不再执念于自己认定的缺憾，当我们可以落落大方，而不是唯唯诺诺地纠结于我们所谓的缺憾，我们就拥有了这世界上最昂贵、最高级、专属于我们自己的东西：自信。它能让我们做到收放自如，大方得体。

对于一个人来说，真正的完美，就是学会接受缺憾，活成自己，而不是改掉缺憾，变成那个千篇一律的标准答案！

· · ·

第四章

人总得要
好好为自己活一次

· · ·

请女人开始好好地说"不"

在上海 5 月明媚的阳光里，最近遇到的一些事情，却让我颓废得一塌糊涂。

写这篇文章，纯属为了鼓励自己。

如果你也碰巧在人生低谷，我也鼓励你。

让我们一起走下去。

我所有的外国学生，都问过我同一个问题："没问题，在汉语里面，代表什么意思？"

"没问题"是老外们在中国听到最多的回答。无论干什么，都是没问题。

老外们信了这话，把心放回到肚子里面，放心大胆地走，一转头被撞得头破血流。

通常这个时候，我都会正襟危坐，推推眼镜说：

"'没问题'之后，通常会有个'但是'这个转折连词。问题总是在'但是'的后面，那个'但是'你们听到没有？"

绝大多数的外国人的中文水平实在很初级。他们能听明白的，就只有"没问题"那三个字而已。

于是，我会如西方人一样，耸耸肩手一摊：

"This is China。想搞明白，先背你HSK的单词去吧。"

那些舌头不会转弯的外国人，怎么能明白，中庸之道五千年，我们中国人很少直接说"不"。

甲说："今晚我们去吃法国菜吧？"

乙说："好啊！法国菜最优雅，你怎么知道这是我的最爱？对了，话说前天有一韩国餐厅新开张，特别棒。大厨都是韩国欧巴，再说我还有打七折的微信优惠券，到明天就结束，去了还送梅酒……"

话已至此，再愚钝的甲，都会水到渠成地说："要不今天我们先去吃韩国菜吧。"

乙说："也行啊，听你的，我是无所谓。"

这就是中国。

太极拳不是人人都会打，但是太极推手比画一下，人人都是行家。

我们不说"不"，是为了避免争端，避免拒绝。石头碰石头，必定龇牙咧嘴，石头碰棉花，却无比轻柔。

我们不说"不"，其实内心里面，是为了避免责任，避免承担。出错的永远都不是那个什么也没有做的主儿。

说"不"有两种，和别人说，和自己说。

怎么能够更委婉地跟别人说"不"。

没人是傻子，再委婉也是拒绝。

是三分钟的尴尬，还是老死不相往来的决裂，重要的是要认清自己是否有能力帮助别人办成事情，而不是你拒绝的委婉程度。

我想说的是自己，千回百转，自己怎么拒绝自己的心？

既然说得出"不"，就是说我们已经做出了选择。

既然做出了选择，就是说我们要承担选择的责任。

能和自己说"不"，懂得和自己说"不"，才是真正难于上青天的事情。

回国之后，慢慢重新适应国内的生活。我发现想要言谈尽欢，仅仅需要遵循下面的原则：

和"90后"见面，就说钱。

从茶叶蛋到原子弹，什么都能卖，只要能赚钱。

和"80后"见面，就说吃。

从茶叶蛋到恐龙蛋，什么都能吃，只要能咬动。

和"70后"见面，就说晒。

从茶叶蛋到大笨蛋，什么都能晒，只要有照片。

话题的范围、价值观、出发点、论点出奇地统一。就算有分歧，也只不过是一些细枝末节。从宏观角度上来说，基本可以忽略不计。

我一直认为，就社会进化而言，亚洲其实比欧洲更进化。因为亚洲人的社会属性比欧美人更强烈。

在亚洲社会中，大家有意识地把自己归入某些亚文化的组织。既然进了这个组织，就等于默认了这个组织的亚文化共识。

大家会主动听从组织分配，服从组织领导，很少会有人提出反驳意见，或者提出另外的不相干的议题。

在中文里面，"标新立异"是个贬义词。

所以亚洲是垂直性的社会，君为臣纲，父为子纲，夫为妻纲，官为民纲，领导为下属纲……

西方不同，和西方人聊天，拿我最熟悉的法国人来说，他们的讲话方式很并列。

甲说："我昨天去一家法国餐厅吃饭，餐厅……（此处省略五百字）"。

乙说："我去一家中国餐厅吃过……"

丙说："我明天要去一家越南餐厅吃饭。我是多喜欢越南……"

甲说："哎，我们要去新加坡……"

于是再重新开始新一轮。

每个人都在说，每个人都要说。说来说去都是自己。我，我，还是我。别人是别人，我是我。

个人主义，在中文里面，其实也是个贬义词。

可是个人主义是西方文明的核心。

在我的人生中，我是百分百的君主。你可以说喜欢还是不喜欢，你可以建议或者不建议，但是你不能改变我，我也不会为你改变。

到头来，我们不过都是一样的活在这个星球上面的生物，你可以比我老，比我小，比我高，比我矮，比我胖，比我瘦……

来的时候，你和我一样，赤裸裸地从妈妈肚子里面爬出来；去的时候，你和我一样，没有选择，只能一个人走。

当我们认识到每个个体的独特性，当我们明白我们不需要刻意扮演某个角色，我们才可以有勇气选择，我们才可以不计较后果，我们才可以过自己想要的生活。

我有朋友拒绝了大型广告公司邀请她拍户外广告。

我有朋友和没钱没房没工作离过婚的老男人在一起。

我有朋友 30 岁开始当学徒做木匠。

我有朋友生了五个孩子。

我有朋友不要孩子。

我有朋友跑去非洲艾滋病村落做义工。

我有朋友用手和稻草建自己的房子。

我有朋友骑着摩托车从上海回巴黎。

我有不止一个女朋友选择了做单身母亲。

其中一个笑嘻嘻地说："你看我缺什么？我缺的仅仅是那一颗目测不到的精子而已。"

几年后再见她，她还是笑嘻嘻地说："我常常很累，有时候很烦，甚至在发脾气的时候，流泪后悔。可是这是我的选择，我在选的时候就知道这条路艰辛无比。但是我也知道，现在我拥有我人生中最重要的部分，所以我很快乐。"

我发誓，我不是生活在行为主义艺术家圈子里的艺术行者。我只不过是一个普通无奇的家庭妇女。

我的朋友们也只不过是普普通通的正常人，每个人都在用一种自己认同的方式，努力过好自己的生活。

好好和自己说"不"，好好地选择自己的人生。世间没有双赢的完美，有得必有失，有光必有影。

也许你曾经想穿上露背的礼服在酒吧的桌子上跳舞。

也许你曾经想放弃学业去远方流浪。

也许你曾经想开个小小的咖啡馆。

也许你曾经偷偷爱上过那个弹吉他吸烟的颓废少年。

也许你曾经暗自幻想过许许多多个"也许"，让你的生活也许会和别人不一样。

可是我们只是看到，你做了众人都说好的学生，考了众人都夸赞的大学，进了众人都羡慕的公司，嫁了众人都眼红的老公……

如此模范的人生，可有一刻为自己活过？可有一刻为自己争过？可有一刻给自己选过？

秦皇汉武，唐宗宋祖，终于今天轮到了我。

这世上最可怕的事情不是失败，而是曲意迎合。明明违心，却早就丧失了想说"不"的勇气。

其实人生中大多数的选择，没有所谓的对与错。

是在女王的权杖上，还是在美人的无名指上，抑或待在犄角旮旯的山林里，你永远都是那一块密度 3.52g/cm^3 的顽石而已。

无论冬夏，无论雪雨，无论赞美，无论嘲讽，无论如何，你永远是你，我永远是我。

我终于懂得该对人生说"算了"

在曼谷旅行，吃完饭打车回酒店。拦车问了很多次，终于找到一辆愿意打表的出租车，结果上了车之后，司机一脚油门就上了往城外开的高速。我们这边有四个人，倒没觉得他想害命，估计是想绕路图财。

开过了两个出口，司机还没有下高速的意思，我们有个男生大熊，坐在后座上，气发丹田地喊出："STOP！"

司机心虚了，赶紧从高速上下来，这时我们另一组人已经到了酒店，花了73泰铢，而我们这已经是107泰铢了，显示还有4公里的路程才能到达酒店。于是我们在车上讨论，等到达酒店到底给司机多少钱？

康姐说："100泰铢？一张整币，不用找。"

我说："行。他要不愿意，就按表给吧！"

大熊说："绕这么远，100泰铢都多了！不愿意，就找警察，打架也行，谁怕谁啊？"

我赶快说："多给50泰铢，也才10块人民币，嚷嚷半天，不值得。"

大熊斩钉截铁地说："姐，这不是钱，是原则！"

我在暗影里停了一会儿，车窗外灯红酒绿，如流年般后退着划过面颊，我说："我懂。可一想到争吵，还有可能流血，我就恐惧，所以还是算了。"

原来的我可不是这个样子。

九年前，我们去越南旅行，到了河内才发现，那几天正好是河内建市一千年的庆典。

有天也是吃完饭回酒店。打车前谈好价格，结果司机开到离酒店至少还有两三公里的距离，就停下来说："庆典封路了，你们从这里下吧，给我钱。"

我们刚才也是打车去的，旁边的路根本没有封。司机装作听不懂，只是不停地说："money，money……"我和卢先生态度是一致的，差那么多路程，当然不应该付已经谈好的价钱，这是原则。

我们就在街上吵起来，越南司机很凶悍，扯着卢先生要揍他。庆典刚结束，街上全是人，几秒钟内，就有上百号人围观。

警察很快来了，看了看我们上车的地址，说了一个价格，我们付了钱，司机骂骂咧咧地走了。那时思迪还不到一岁，我们在河内晚上十点的大街上，冒着35℃的高温，推着婴儿车，步行回酒店，却满心欢喜。

因为我们赢了，因为警察说的价格，只是我们最初讲好的价钱的四分之一。其实，我们本来预计付三分之二的，所以我们还是赚到了。

九年后的今天，无论输赢，我们绝对不会抱着不满周岁的孩子，在人山人海、语言不通的国外大街上跟当地人吵架的！别说会不会被打伤，只要想到剑拔弩张的争执，我的血压就攀升，关键是不值！

就像是 4 月在摩洛哥旅行，几乎每天都会出现点小状况，最后都是付点小钱了事。

我曾经无限感慨地跟卢先生说："幸好，不是十年前来的摩洛哥。否则，每天都为了这些小钱争吵，心情一定糟糕到会毁掉我们整个旅行。"

更神奇的是，这才一个多月，我已经想不起来，当时我都付过什么，付了多少，我只记得那些繁花锦簇的马赛克，活色生香的市集，穿着从中世纪到现在就没有换过阿拉伯长袍的人，真是犹如天方夜谭般的回忆。

这只能说明一个问题，那些小钱对我来说已无意义，当我说"算了"，就真的是算了。我知道他耍无赖，但我懒得争，还是算了，各图安逸。

我也不是完全蔑视金钱，只不过随着时间的推移，我渐渐地提高了去争取的底线。

这不是对还是不对的问题，这只是一种坚持，或者不坚持的选择。

你会说，这就是钱的力量啊！有了钱的人生，就可以更容易些。

不，不是这样的。

有钱和肯说"算了"放过自己，是两个本质不同的命题。

我见过太多的有钱人，永远都在寸土必争地捡着每一个目所能及的钢镚，其实，这世上绝大多数人有钱，并不是因为格局或能力，而是因为聚沙成塔的吝啬。

比起时间、爱情、亲情、自尊、信念……这些更加私密和自我的信条来说，钱是最容易放过的东西。再爱钱的人，也知道，没有人能带走一粒钻石，更别说汤臣一品700平方米的房子。

不知道有人观察过吗？一家的兄弟姐妹，总是年龄越小，彼此长得越像，年龄越大，长相越疏离。虽然细看他们还是有差不多的眉眼和轮廓，可随着时间的流逝，每个人终究固化成自己特有的样子。

因为30岁前，容貌是父母给的；30岁后，容貌是自己修的。那些随着年纪增长，渐渐沉淀出风采的人，并不是有了钱，去做了医美，而是学会了豁达，心中架起了广阔的天地。

这辈子说起来很短，可过起来还是挺长的，长到足以让我们遇到各种各样的挫折、伤害、欺骗、压榨、侮辱……把自己那块晶莹无瑕、软嫩润滑的豆腐心，划得伤痕累累，没有一块完好之地。

所以，才有那句老话"人生不如意十之八九"，尽管如此，可具体到每个人，都是当局者迷。

所以说，这还是一个心态问题：都是第一次做人，你打算如何面对生命中那一大部分不堪愉悦的生活？

在《奇葩说》上，马东说过："随着时间的流逝，我们终究会原谅那些曾经伤害过我们的人。"

蔡康永答："那不是原谅，那是算了。"

对我而言，在人生中，有两种"算了"。

1.知道自己没有扳回这一局的可能，只能算了，别无选择。

2.这件事根本对我造不成波动，更别说伤害，那就算了，让我们乘着清风，对酒当歌。

无论是哪一种"算了"，都可以让自己轻松下来。然而成年人已经习惯殚精竭虑，要想对自己的人生说 "算了"，需要一种勇气。

一个有父母，有婚姻，有孩子，有工作，更有朋友和社会影响力的中年人，随着年龄增长，往往会陷入一个怪圈，拥有越多，欲望越大，而且会唯我独尊，真心觉得这个世界上，没有我就不转了。

可是拥有的背后，其实是一个一个大大小小的麻烦和烦恼，所以在现实中，每个中年人都在拆了东墙补西墙地疲于奔命，丢不开，得不到，放不下，叫苦不迭。

心理学家荣格，曾经在一篇文章中表述过："心，是一个很脆弱的支点，把一切都压在心上，很快就会粉碎。"

所以在人生中，能划出一道可以说"算了"的选择，就是

⌀ 一种珍爱人生的表现。要知道，病由心生，今天那些令人谈虎色变的疾病，绝大多数都来自无法释然的坏情绪。

当终有一天，你肯把自己的健康和当下的心情，凌驾于某些"原则"和一部分金钱之上时，那么恭喜你，你终于"老了"，达到了一种万花丛中过，片叶不沾身的高度。

老，有什么可怕呢？

每个人都会老的，比起迷茫、焦虑、贫穷及没有选择的青春而言，老是可以选择的，可以选择风舒云卷，悠然见南山的从容，或者是积怨已深，刻薄钻心，蚀到骨髓的痛。

所以，这几年，我发现我说"算了"的频次，越来越多。

我常说"算了，那就付给他吧！""算了，到此为止，此事翻篇。""算了，这事儿我都忘了！""算了，还是算啦……"

其实，由于钱的可再生性，人生中钱是最容易说算了的；其次，才是感情、三观、尊严、原则等，按照这个难度，层层递增。

譬如，原来和卢先生吵架，我们两个拼命地吵，拼命地哭，恨不得动刀子，也不能释放出自己内心的委屈和不公平。

现在，气还是会生的，但意思一下，也就算了。我会挥挥手："算啦，我头疼。"他也会摇着头："算了，我懒得跟你说。"

于是，我们就可以继续相安无事的皆大欢喜，不再会气得上蹿下跳，整夜地消耗生命。

在人生中，当你真的能开口说出那句"算了"的时候，千山掠过，万水飞过，看那些曾经来时的路，遇到的人和事，都会让我们明白：

所谓算了，既往不咎的，并不是世事不平，而是自己对自己的宽恕。

这辈子最大的救赎，是自己对自己的放过。

算了，就让我们得过且过，没心没肺地活着。

越豪配的人生，越没有标配的捷径

　　我去参加了一个会议，吃饭的时候和旁边一位女士闲聊起来。陌生人破冰的方式无非是自我介绍，我说："我是写公众号的自媒体。"

　　自媒体是个新兴的职业，大家都挺好奇。她问："哦，那你是媒体出身？"我摇头。她又问："你是心理学出身咯？"我还摇头。然后她直接问："那你原来是做什么的？"

　　我回答："原来我是一个全职家庭妇女。"

　　她笑了起来说："原来你就是江湖上传说的那种，一个家庭妇女做出几十万读者公众号的传奇啊！"

　　我愣了一下，不得不说："哎，真的是这样。"心中暗叹，江湖上居然有这样的传奇？

　　她点头说："我认识很多中文科班出身，专业媒体的朋友，自媒体都做不起来，你真的很厉害！"

　　我点头道谢。我知道今天的社会，尤其是在职场上，家庭妇女总是在歧视链的最低端，但是我不觉得自己厉害，更从来没有觉得自己是个传奇。

公众号第一个粉丝是我自己，从第二个到今天的几十万粉丝，我是亲眼看着一个个读者关注进来的；所有的文章都是我一个字一个字码的，我记得来时之路上的所有心酸。

这一路走来，我不觉得苦也不觉得难，只是回头的时候，才发现原来到处是坑，荆棘满地，有点毛骨悚然。

最近，常常有人向我来请教，甚至还有人想邀请我去做分享，主题是"从零开始做成微信大号的秘诀"，但我都拒绝了。

因为我的秘诀就是：全心全意，好好写文。之前我也曾讲过很多次，可是每讲一次碰壁一次。因为很多听我讲课的人都想得到速成的秘诀，而不是想踏踏实实，一步一步来创作。所以，无论我讲得多么认真，在他们看来我都是有意留一手。

网络飞速发展的时代，一天就是一个月，一年就是一个世纪。当我开始做我的公众号的时候，认真创作内容，就是我一路走到今天的秘诀。不过我也知道，今时今日，已经没有人能再复制了。

其实，人生中无论是成功还是失败，都充满了必然性和偶然性。尘埃落定，我们可以有理有据地分析其中的原因，但是当在硝烟弥漫，风沙漫天的时候，没有人能够预测谁会成功，谁会失败。因为没有人能未卜先知。

凡是看过名人传记的人，就应该明白一个道理：成功只能被观摩，但不可能被复制。

我曾听过百度创始人李彦宏的一个演讲。

20 世纪 90 年代初，他在美国攻读计算机。为了讨生活，他去应聘大学里的带薪助教，教授问了他一些计算机专业问题，他回答了，但是他知道自己没有回答好。最后教授又问了他一个问题："中国有计算机吗？"

李彦宏说，他当时犹豫了一下，因为他不知道，他是不是应该这样说：

"中国有计算机，而且我会建立起全球上最大的中文搜索引擎，中国将成为和美国并立的有搜索引擎核心技术的四个国家之一，提供每天几亿人几亿次线上搜索……"

今天，当他平静淡然，但底气十足地讲着百度成绩的时候，在场的听众们都热血沸腾，鼓掌叫好。等听众们静下来之后，李彦宏话音一转说："其实我当时并没有这么说。因为当时我根本不知道我能做百度，更加无法预测百度可以取得今天的成绩。当时我仅仅窘迫地说，中国有计算机，然后就灰溜溜地离开了教授的办公室。"

毫无意外，这次面试失败了。

几年后，李彦宏回国创建了百度……

深夜我坐出租车回家，收音机停在一个谈心节目上，有一个男生写来邮件，讲他大学毕业后进入一家公司，大半年没有起色，没有升职，没有加薪。二十几岁了，人生还有多少个十年？每天早上起床，想想自己的事业，父母的期待，自己的价值，人生的意义……仿佛是呼啦啦的大转盘，让他眩晕！

他决定自己创业，和几个同学凑钱，在一个中高档小区旁边开了一个果蔬店，从线上到线下，从配送水果蔬菜，到配送生鲜。然后把这种成熟模式复制到别的小区。他们在校友支持下很快在其他的城市也复制成功了，从一家店，一年间变成了遍布全市的几十家店面。

可是他的店坚持了九个月，关门了。钱赔了，友情也赔了。朋友们割袍断义，分道扬镳。女朋友也找了个和他三观不合的理由分手了。

他觉得他的整个人生失败极了，看不到未来和希望，准备去跳黄浦江。

毕业一年多，大约在 25 岁左右吧，人生的路还有那么长，黄浦江想跳就跳？不知道能不能练成跳水冠军？倏然，我止住了自己邪恶的想法，天哪，我怎么变成了一个如此刻薄的女人？岁月是一种凝固剂，慢慢地风干了我们曾经水盈盈的心。

今天，社会创造了成千上亿种不同的消费体系，就是为了刺激成功，创造价值。每个人都想功成名就，名利双收，实现自己的人生价值。

我们之前总以为 23 岁大学毕业，一年可以做到中坚骨干，两年升到部门经理，三年成为公司最年轻的副总，四年招兵买马出来单干，五年拿到风投，六年在北上广深都设办公司，第七年，也是 30 岁那年，公司可以上市。然后 31 岁，终于可以和那个一直陪着自己，长得像十五年前志玲姐姐那样的女孩子结婚，32 岁喜得龙凤二宝，从 33 岁起，财务自由，可以退休，家人环绕，享受人生！

为了能够达成超豪配人生，一辈子只做有标准答案的我们，永远都在试图寻找可以复制的标准捷径。然而事实上，人生的成功和考试正相反，成功从来没有标准答案，更没有捷径！

当你开始事无巨细地规划自己未来的时候，等到的只有失望和灰心。因为人生总是变数大于定数，比复制更重要的是想象和颠覆，人要永远保持一切皆有可能的心态！

不要过分规划你的将来，不要妄图去复制别人的捷径。没有人能够确认，明天我们可以遇到什么人，看到什么风景，登上哪一座高峰。

对人生来说，更重要的是开始行动，保持行动，持之以恒。为什么越成功的人，往往越虚怀若谷？那是因为在成功之前，他根本不知道自己是否会成功，更重要的原因是就算现在成功，也不代表明天、后天，永远都会成功。

人生是一条开满山花的蜿蜒小路，充满荆棘和曲折。越是豪配的人生中，越没有标配的捷径。我们唯一能做的就是 Just do it，不要停！

把自己的人生，过成别人的传奇。等功成名就的那天，就可以悠然闲坐，品茶拈花，听听别人的报告，分析的是你曾走过的路。

只有你知道，每走一步，脚都钻心地疼！

请不要对自己太谦虚

上周，我的公众号关注人数又有了新的突破。那天晚上，我感冒很严重，出了一夜的虚汗，早上起来看到让人惊喜的数字，虽然头晕，但还是差点跳了起来。

2015 年 3 月 1 日申请了公众号。申请的时候，我都不知道"自媒体"这个词是什么意思。

3 月 11 日，发了第一条消息。关注的人只有自己。

3 月 25 日，发了一篇《想和谁一起走过万水千山》。发完了之后，我转发到了自己的朋友圈里。从这开始算，八个月，一周发一篇，还偶尔拖延，即便这样关注量还是很快过万。

这一天我期待了很久，终于姗姗来迟。

我有几个不懂中文也几乎不认识中国人的法国朋友，每次发文每次帮我转。打趣说，关注人数上千，要请他们吃饭。

一千的时候，我觉得三千才可以算是一个阶段。

三千的时候，我想五千也才好意思说说。

五千来的非常突然，我甚至没有来得及把五千整的数字截屏下来。

现在我认识了很多平台的小编，说起来都是几十万上百万的关注量。

有位陈兄，无比抱歉地给我写：我们想转你的文章，但是我们才刚刚开始起步，粉丝只有十万，望你可以授权。

我看得眼冒金星，我这小号真的连毛毛雨都不算。

帮我转文的法国人不干了，说："卢璐，你真是一个小气的人，就算你心疼请我们吃饭的钱，但是你为什么要吝啬赞美自己？没有媒体资源的家庭妇女，从零到万，难道不值得赞美，不值得庆祝吗？"

我寻思半天说："要不来我家吃饺子吧！这只是件微不足道的小事，不必大肆庆祝。"

在中国，我们赞美祖国，赞美英雄，赞美苦难，但是我们极少赞美家人，尤其是当面赞美自己的父母、孩子、朋友、爱人，也更不会赞美自己。

我们已经习惯正话反说。

"哎哟，看你的头发剪的，怎么跟狗啃过似的？"

没有人觉得这是一种诋毁。

"这衣服太美了，真是九天仙女下凡。"

没有人觉得这是一种讽刺。

"这肉球，看那芝麻绿豆大的小眼睛，一定是你儿子。"

没有人觉得这是一种抹黑。

越是亲近的人，越有资格这么说。越这么说的人，才越是亲近。

我们不习惯被赞美。赞美如火球，接到之后要用最快的速度抛出去，不留余地。

"我这裙子，打折时候买的，没多少钱。"

"我这孩子，顽皮的时候，你没看见。"

"我这老公，就他那德行，算了吧！"

谦虚是一种非常必要的高尚美德，指引我们虚心向前，避免打脸。

谦虚之外，还有一种境界叫作"自知之明"。

你是马云吗？就算你是，也要有自知之明。张口之前，请先掂量一下自己的重量，恪守本分，凭什么张扬？

山外有山，人外有人。从理论上讲，没有人能做到百分百的成功，我们只能尽可能地无限接近完美。

通过公众号，我认识了各种各样的朋友。

Lucie 住在武汉，我们认识了很长时间也没有机会见面。

终于在一个下雨天她来上海。

早上八点半，我在子觅幼儿园旁边的咖啡店里等她。一个瘦小的女孩子从雨中走来，拖着一个大号的箱子。她眼睛弯弯如月牙一样地笑着，挥手跟我打招呼："卢璐，你好，我是Lucie。"

Lucie 在大学时候，无意间认识了一个法国人，给她打开了做法国奶酪的大门。

法国最优质的奶酪都不是工业化生产出来的，而是产自那些默默无闻的小作坊里，名字长的如同中世纪拉丁文的修道院，念起来使人一头雾水。

大四实习，Lucie 自己跑去法国两个月，讲着英语，坐着公车，去了很多很多我都没有听说过的村子，去找法国奶酪作坊。

一个学电子信息的年轻女生，把自己投身在烟熏火燎的奶酪中，家人和朋友都不理解。

奶酪的进口、报关、运输、储存、切割、分装、包装、送货……都需要特定的条件和环境。

雇不起人，25 岁的女孩子，事必躬亲。

Lucie 喝着英国红茶，轻描淡写地给我讲，我捏着冷掉的咖啡目瞪口呆地听。

当雨下得最大的时候，她走了。她要去送货。三十公斤的大箱子里面，有二十公斤的奶酪，十公斤的冰袋。

我真心真意地赞美："能做到这一步，太不容易。你真的是太棒了！"

Lucie 羞涩地摇头："我这真不算什么，我还得住家里，吃在家里。前路漫漫，只能拼命。"

再说 David。

David 是留法工程师。回国后进入一家说起来大家都知道的法国公司，三年后升到主管的位置。"海龟"金领的阳光大路，走得都已经看得到罗马了。他和在澳洲留学回国的太太双双辞职，创立 Prelude，专注中法文化交流。

我是在春末认识他的。他租的办公室很小，甚至连杯水都没有。我们两个扯着嗓子硬聊了一个小时，他不好意思地说："姐，要不我们去楼下喝口水吧！"

周五的晚上一起吃饭。此人在我迟到二十分钟的基础上，又迟到了半小时。

那间办公室太小了，他刚刚去和别人谈新的办公场地，所以迟到了。他用文化交流做主线的法语班，一级已经开了五个班，二级也正式开班了。

David 抱着拳说："姐，我已经把你写进教材里面去了，法式生活那个单元的主角就叫 LULU，到时候你来教，你再忙也不能放我鸽子。"

说起当年，大公司做事，要的是完美效率，超级气场，根本不用想钱的问题。现在是又要里子又要面子，牙打落了只能自己吞进去，有点儿血，自己也赶快擦干净，没得一点儿委屈。

我真心佩服他，从电气工程师到打杂老板，有点微胖的身型，转身却这么轻盈。

David 笑笑说："我这真不算什么，三级还没有开，四级还没有计划。大家一起投的钱，还没有收回来，我还要继续努力。"

的确，从现阶段的角度来看，他们都还没有成功。

可是究竟什么才算是成功？是要做到马云，还是马化腾？

成王败寇。就是说成功之前,所有的努力其实都是隐形不明状况的瞎折腾。可是没有这些瞎折腾,谁能走向成功?

东西文化最大的一个差异,是如何看待人在社会里面的位置。

东方文化建立在群体等级制度上。每个人只是群体中的一个角色,至于扮演什么,则是根据群体里其他人的思想、感情和行动所决定的。

每个人都是他所属关系的衍生物,只有被放在适合的社会关系中才是有意义的。

西方文化建立在个人独立概念上。个人主义和利己主义其实是两个不同的概念。

个人主义在意的是个人的自由和个人的重要性。强调的是一种自我支配、自我控制、不受外来约束的行为哲学。

两种文化方式,没有哪一个比另一个更优越,几千年执行下来,各有利弊。

群体主义让我们更有归属感、同理心、凝聚力,最大化地减少了作为渺小人类的孤独和恐惧。

群体主义也造成了让我们在相似的角色之间,相互攀比,算计得失,还得化异求同。

因为我们处在一个群体中,我们有共同的角色。

所以,一个隔着三里地不认识的人做出了成绩,我们会称赞他的狗屎运,而在自己的同学、同事、朋友等这些我们认为和自己有某种相当角色的人取得成绩时，会刺痛我们，我们可能会在心里说"这个人还真心不如我"。

因为我们处在一个群体中，我们有共同的价值观。

所以，无论我们做出了什么，我们会根据现有群体中其他人做出的成绩，做一个评判标准。用这个标准来衡量自己，然后再得到结论，判定自己是否取得成功。所以在没有其他条件的肯定下，我们不会首先肯定自己。

万一出了格，越了雷池，自大忘本的人，就会被孤立。

在一个集体里被孤立的滋味，如丧考妣，坐卧不宁。

有人天生美，有人天生富，有人天生贵，但是没有人天生成功。

成功必定是后天努力的积累。

诚然，并不是所有的努力，都可以带来成功。

的确，也不是所有的决定，都可以通向光明。

在黑暗潮湿、错节盘根的密林里前行，我们一步一跌，蹒跚迷茫。

就算是一鼓作气，竭尽全力，也总有精疲力竭，不堪重负的那一刻。

我们蹲在地上，大口喘息，转头回望，看看已经穿越的荆棘，就算革命尚未成功，我们也应该为自己已经做出的努力骄傲。

最客观的参照物，不是别人，而是自己。

正视自己的价值，承认自己的努力。在排山倒海和山崩水

∅   竭之间，还有一种可能，就是山明水秀，柳暗花明。

赞美一下自己，鼓励一下自己，正视一下自己的努力。

只要一点点，就是这一点点，可以支撑我们走下去。

谦虚值得敬重，是因为我们拥有了可以谦虚的资本。

只是为了谦虚而谦虚，谦虚也就成了逢场作戏，有何意义？

我们不应该自满自夸，自说自话，但是我们也实在不必对
自己谦虚。

制定目标，拼命努力。肯定自己，继续努力。

人生在于执行。

在物质的世界中，不要消费自己

在看斯里兰卡旅游攻略的时候，我第一眼看下来就说："我要去坐海上火车。"我太爱《千与千寻》了，坐海上火车这是一颗粉丝的朝圣之心。

我们在正午的时候，去坐"海上火车"，车厢很空，没有几个人。

斯里兰卡的火车系统很发达，是普通百姓出行的重要交通工具。铁路已经修了很多年，在铁路的两边陆陆续续修建了许多或明或暗，或高或低的房子。

在内陆的山区，居住率不是太高，铁路两边星星点点的小村落，呈现出一种原生态的美。

可是到了海边，村子连成一片片，居住极为密集，带来了一个非常巨大的实际性问题：脏！

垃圾以各种形态存在，成堆的，零散的，漂在水沟里，飞在沙滩上……在热带炽热的日头下，尘土飞扬的街道上散发出各式各样的味道，混合每家配方不同的咖喱味，别有一番风味……

所以"海上火车"在当地实景其实是这样的:

碧海蓝天被一堆一堆从建成那天就没有再保养过,或者本来就是临时搭的小矮房子,切割得碎碎乱乱,断断续续……

唯有一段可以连成片的风景,是火车进入科伦坡市区以后,原住民被迁走了,小村子被清理掉了,整修后美丽的绿色草地和一望无际的碧海连在一起,颇有些《千与千寻》中画面的样子。在近两个小时的火车行程中,这段美好的距离大约持续了五分钟吧!

无论对于一个社会,还是对于一个人来说,"干净"总是比"新"更能衡量一个地方发展水平的高低。

"新"的关键是一个经济问题,钱可以被创造,可以被累积。

可"干净"则是时间问题,要花时间清洗、维修和保养。时间不可以创造,更无法累积。所以,时间永远都是比"钱"更珍贵的资源。

回国之后,我和很多朋友讨论过这个问题:

"为什么十几年的居民楼,在国内已经算是老楼?从外面看已经锈迹斑斑;从里面看,楼道里墙皮脱落,脚印一片,破败不堪。"

我听到的答案大概分几种:

1.国内的建筑质量和水平,和国外没法比;

2. 国内的邻居素质和国外没法比；

3. 我把房子里面搞好就行了，家以外的部分，跟我没关系。

在法国时，我曾经替朋友去参加过一次"年度房东物业大会"。两栋很旧的石头楼一共五十几户业主，预计两小时的大会，延续了七个小时才结束。

物业列出的所有提案中，仅通过了一项决议，那就是共同集资重修楼顶。

修楼顶是项很贵的工程，工程款要按照居住面积每户均摊。连我朋友仅有十几平方米的小房子，都要付 1000 多欧元。

房东们对于选择哪家装修公司，采用哪种装修方案，到底用什么材料吵成一团，但是修还是不修，却是从一开始达成的共识。其实他们的楼顶没有漏，只不过是到了翻修年限而已。

修机器比买机器难；改一件衣服，要比重新做难；老房子翻修，比炸平重建难……就算没有素质的邻居平时多么的讨厌，但在保养楼房方面思想是一致的，无论住人还是卖掉，对我们都是更有利的。

这不是素质的问题，这是一种计算方法问题。

很多第一次去法国或者去欧洲的人，都非常惊叹于他们对于古老建筑的保护和修缮。

尤其是法国很多的老石头房子，几百年了，橡木雕花的木楼梯已经被时光打磨得闪闪发亮，温润如玉；笼子一样的小电梯，还能上上下下运行，忒给力了；勤于保养的老东西，比新东西更有质感。"贼光"还是"宝光"，差得就是中间那些流淌的时光。

有个朋友给我们讲过，他们公司的 4S 店接到一宗投诉。

这个客户为了"保养"自己的新车，一直没有撕去新车上面贴的那一层塑料纸。他在南方，又是夏天，高温酷暑，而且湿度非常大。几个月后，有部分的塑料纸自然而然掉了，还有一些死死地粘在汽车外壳上面无法揭去，整个车像是得了癞头病，斑斑驳驳，奇丑无比。

我家卢先生到了国内之后，曾经开玩笑说："中国是最喜欢带'套'的国家。"

遥控、电脑、键盘、护照、银行卡、汽车，甚至桌子、洗衣机、电冰箱，没有什么不能被放进一个塑料套里。保养之所以难，就是没有什么一劳永逸快速便捷的方式。

说实话，到现在我还没有看到，有规律地拆洗电视遥控套的人。偶然拆掉换新，总会被吓一大跳，里面居然这么脏，我都不知道。

因为保养难，所以我们在平时每一次使用时都要小心，而且要有规律地、不间断地维修，一点一滴花的都是时间和精力。

保养不是把这个东西包起来完事，保养是把这个东西调整到最佳使用状态，并匀速保持。

2013 年 8 月我换了苹果 5 手机，同年 10 月卢先生换了5S。我现在的 6S 也已经行动缓慢，时常关机加黑屏。可是到现在，卢先生一直在用他的 5S。

已经用了四年的 5S，不可能铮亮如新，但是如果不用放大镜，看不到划痕或伤疤，四个角都是圆圆的，一如最初的样子，系统跑起来比我的 6S 快。没有比较就没有伤害。

"和物件的价值比起来，你对于物件的态度，才能体现出你的阶级。"

这就是法国人的信念。钱不能让你改变自己的阶级，但是保养可以。因为爱惜和保养是一种精神，更是一种执念。

活在这个消费的社会，人越活越浮躁，越活越焦虑。我们越想拥有，就越被物化，渐渐地，我们成为物的奴隶。

我们越来越有钱，我们越来越有消费能力，可以一掷千金，可以把全世界都买下来。然而钱也在一点点吞噬着我们的意识，让我们以为钱可以拯救世界，拯救一切。

我亲眼见到，有个年轻的母亲指着在摔 iPad 的小孩子，对自己朋友说："两年里，这是第三个 iPad 了。"说这话的时候，没有觉得心疼，或者是懊恼，反而满脸都是我买得起的炫耀感。

我亲眼见到，买了一屋子奢侈品的女人，大手一挥都堆在地上，变成了喵星人的玩具。

我亲眼见到，相恋三年的情侣，新婚闪离。比起双方让步和有效沟通来说，扔掉乱七八糟的前尘往事，门关上，轻松上路更容易。

……

在现实的世界面前，我们抛弃了爱惜，选择了消耗。为了

∅ 追逐消耗，我们只能拼命，透支生命，透支人生，然而拥有越来越多，幸福感却越来越低。

我们拼命去消费，无论是便宜还是昂贵，无论性价比高还是低，所有的消费，都只不过是在消费自己。其实对于人生来说，爱惜真的不是为了省下什么，而是为了爱惜自己。

人生总是过于匆忙，使得欲望越来越膨胀，与其消费自己，不如爱惜自己。

一花一木，一草一石，爱人孩子，父母朋友，每件事物，都值得我们爱惜，其中最重要的是，自己。

·
·
·

第五章

人生需要有
一咬牙一跺脚的勇气

·
·
·

◇

每个光芒万丈的女人，都曾是一点微光

我的奶奶是家有良田百顷的地主家小姐，上过三年私塾。她写繁体字，间架结构匀称且十分清秀，女红出众，87岁还给我绣过一张桌布，蝴蝶绣得灵动可爱，栩栩如生。

出身不好，还裹着小脚的奶奶，一辈子都没能工作过。无论生活好与不好，早上起来，必用泉城的泉水，沏一壶茉莉花茶。茉莉干花特有的香味四溢，再从花盆里剪几朵含苞的茉莉花放茶杯里，更加富有韵味，这便是她的一天生活的开始。

奶奶在93岁过世，这辈子她对我说过很多话，让我记忆最深的，有两句。

在我要去法国前，她对我说："一个人在外面，钱要省着点花，可省什么都不要省在嘴上。"

我们回国后，我抱着孩子去看她，她问我："你现在不上班吗？"

我说："不上了。"

"还画画吗？"

"不画了。"

奶奶停了一下说："女人什么都可以没有，唯独不能没工作。"当时，思迪正要挣脱我满地跑，子觅在我怀中哇哇哭，我如救火员一样终日疲于奔命，话我听到了，但是没往心里去。

可这些年过去了，日子如风一样，吹走了附在表面上的沙粒。如今想到做了一辈子家庭妇女的奶奶能够说出这样富有哲理的话，内心分外的沉重和懊悔。

我知道，她说去工作，赚的并不是聊以度日的工资，而是价值。她不希望我像她那样，虚晃一辈子。

我的外婆是沂蒙山农民的女儿，家里四个女儿，她排行老二，能吃苦，但是干活不麻利，比起别的姐妹，她皮肤黑黄，逊色很多。

八路军来征兵，选来选去，家里让她去参军，子弹是不长眼睛的，想来总是有些凉意。

外婆在部队里遇到了外公。在我很小的时候，我以为他们是组织上安排结婚的。因为比起身高180厘米，穿着授衔的军服，英姿勃发的外公来说，不足160厘米的外婆，虽然也穿军装，可真是不般配。

20世纪50年代，部队突然裁军让"高级干部家属退伍"。周围很多家属都回家享清福，可外婆的态度很坚决，她要坚持工作。

外婆从当兵到退休也只是部队医院里一个普通的司药，只是她参加革命年限够长，可以享受老干部的待遇。

大学时有年暑假，我陪着外公在院子里乘凉，外公讲了一晚上八路军的故事，讲着讲着突然讲起，那一日他在劳模大会上，第一次见到了外婆，外公的脸红润了起来，眼睛闪闪发光，似乎每一根皱纹里都是笑意。

他看着夜空微闪的一颗星星，慢慢地说："你姥姥年轻的时候，那一头秀发，那么黑，缎子一样地亮，她可真能干啊，这辈子我是有福的。"

1975 年之前，爱情并不会因为不说"我爱你"而逊色。在战火纷飞，直面生死的年代里，爱的是一个人的本质。

我懂，外公爱的是外婆从不放弃的价值。

经济的变化，一定会引发人文的变革。

整个 20 世纪 80 年代，人们都在读一本叫作《读者》的杂志。里面有些故事，大约都发生在城市郊区有小花园的洋房里，一对夫妻，两个孩子，先生会穿西装打领带去上班，不上班的太太，会在孩子放学时，端出刚出炉的酥香曲奇。

在我看来，那种热喷喷的巧克力香味，就是幸福。

和没有选择的外婆不同的是，我的人生看起来，好像突然有了选择：女人，到底要不要去工作？

记得，我初到法国留学，在一家餐厅打工，有天经理说："你再这么没心没肺下去，怎么才能成为一个主管呢？"

我摇头大笑地说："我才不要当主管，我只是个小女人。"

波伏娃曾经写过："女人的不幸在于被几乎不可抗拒的诱惑包围着，她不被要求奋发向上，只被鼓励滑下去到达极乐。"

每个女人都曾经梦想过，找到一个能爱自己、宠自己、肯哄着自己，能供养自己的男人，让自己悠闲地生活，直至白发千古，这才是人生应有的美好样子。

绝大多数的女人，当然也包括我，从不会想过，有一天成为一个创业者，成为整个团体的支柱，做出方向性的决策。

虽然会有令人雀跃的成功，但绝大多数时间，都是在看不到阳光的密林之中摸索，只能自己跟自己说，带着大家挺过去，就能看到草原的壮阔。

事实上，在很长一段时间里，我都不会把自己称为一个创业者。我羞耻，我觉得就我那两把刷子，配不上被称为"女性创业者"。

创业者都是有志向、有冲劲、坚持理想、有血性的人。不仅仅如此，今天大多数的女性创业者被塑造成有类似华尔街资深的背景，至少也是常春藤校本科毕业的；异常奋进、不吃不喝、死磕到极限的大女人。

而我本平庸，还有两个孩子，我没有那份优秀，我也没有那份毅力和决心。

我用了三个月的时间考虑，要不要注册公司；第一个员工入职，我整月都在焦虑，我不是担心付不出工资，而是怕担不起责任；我需要比读书的时候，更加认真和努力地学习各种闻所未闻的知识……

∅ 　　我如履薄冰，常常焦头烂额，但我不愿意放弃，因为每次向前一步，都是人生对我的认可。

生为女人，可以有一天，不用依附父亲老公，只靠自己独立地站着，这样的日子，只要有过一次，就会明白，究竟是一种怎样的惬意！

人生中，买得到的是荣华富贵，买不到的是自我价值。这比钻石更能犒劳自己的努力。

从一个普通女人，到一个女性创业者，哪怕我的事业结构已有雏形，但我还是用了几年的时间，才在心中认可自己是一个创业者。

因为，从小到大，我们总是听到，女性本弱。其实，根本不是我们不行，而是我们以为自己不行。

让自己相信自己，总是比让别人相信自己更难的事，这需要一种力量，只能靠自己的汗水一点一滴积累出来。

作为有两个孩子的女性创业者，我被问到频次最多的问题：你是如何兼顾事业与家庭的？

我早就知道，鱼和熊掌不可兼得，没有人能够拥有100%的事业和100%的家庭，但我们却可以选择从另一个角度，最大化赢取自己可以得到的份额。

我选择了在家工作，我可以一边戴着耳机，用微信跟全国各地的团队语音开会，一边在厨房里烤着曲奇，这样，在孩子们放学回来的时候，家中溢满着刚出炉的酥香曲奇的巧克力香气。

这不就是我曾经向往过的幸福吗？而且比想的还要好，因为今天的我，有家、有爱、有孩子，在方寸之外，我更有自己实打实创造出的任何人都无法取代的价值。

这在几年前，还是令人难以想象的事情，可是自从有了万能的微信，从根本上改变了女性的就业劣势，让一切变得更有可能。

创业，是个说起来如雷贯耳的词。

可这个"业"，又究竟是什么？家国大业？财富事业？在婆罗门教中，把"业"比作直接推动生命延续的力量。原来，在人生中走出一条没有前人走过的路，又何尝不是一种创业？

我终于明白，无论是奶奶的叮嘱，还是外婆的坚决，作为女人，既然来到这个世界，就应该活出自己的价值，这才是唯一的不辜负，没有之一。

在今天的社会中，男性和女性在很多情况下依然是不平等的，但不可否认，我们正活在五千年以来，对女性最友好的时代。

微信的出现，创造出更多适合女性的工作职位，可让女性更加灵活地处理自己的时间，这一切都只有一个方向：女性可以，且正在创造着更加平等的明天。

在这个世界上，每个人都有自己的来路，每个人都有自己的归途，每一个由自己踏出来的脚步都是有意义的。

别害怕，更不要自卑，要知道每个光芒万丈的女人，曾经都是一点微光，让我们汇在一起，就能够照亮整个天际。

这辈子能拼的，不过是自己的命

2016 年 10 月，44 岁正当壮年的春雨医生创始人张锐，突发心梗去世。他的离开引发了整个互联网从业人员的惶恐。关于这个消息的文章突然被刷屏。几许惋惜，无限感叹。其实更多数跟风刷屏的人，并不是为了这场沉重的送别，而是害怕，从心里往外的冷。

活在这个有些焦虑的时代，有多少人可以拒绝透支生命？

76 岁的伯伯常常说："我年轻的时候，整天肚子都饿得咕咕叫，晚上常饿得睡不着。你们现在多幸福呀！要吃什么有什么，要去哪里去哪里，想上班就上班，不想上班就不上班，多好啊！"

人总是不能了解别人的痛。

越来越烦的爱情，越来越堵的婚姻，越来越老的父母，越来越淡的朋友，越来越难的教育，越来越贵的房子，越来越不值钱的钱。

幸福的人都是相似的，不幸的人各有各的不幸。可就算天下有三千万种不幸，但是有一点是相似的，那就是火急火燎的焦虑，烧得人浑身疼痛，坐卧不宁。

每个人的人生起点不同，每个人的人生要求也不同。从始到终，每个人都要付出努力。在努力的时候，能拼什么？

这辈子能拼的，不过是自己的命。

现在的我，中年、熬夜、饮食不规律、不运动、压力巨大、焦虑异常……如果要做一个猝死评估风险报告，我绝对是高发人群，风险比例估计要接近峰值。

我一直都是一个很怕死的人。

我怕死的具体表现形式不是去积极养生，而是会常常自扰。

无缘无故，青天白日的，我会突然地就想到一个实质性的问题："等到我临终的那一刻，会是怎么样的呢？"

我甚至已经想过，我死了之后，要把我放进火葬场熔尸炉里烧成骨灰的情景，那得要有多烫啊！别跟我说，死了之后不知道疼，反正谁也没死过！

每次一旦有类似的念头骤然来袭，我会特别害怕，浑身冰凉，身体会控制不住地微微颤抖，不知所措。

我也曾经试图给不同的人描述过我的恐惧，可是我发现大家都对我这种行为嗤之以鼻："你这纯粹是没事儿闲的。人都是要死的，想那么多有用吗？"

真的没有用，我知道。可还是控制不了地想。死亡的恐惧，像是一个梦魇，老朋友一样不定期地突然来访问，防不胜防。

不过自从开了公众号，我已经很久没有想过这个问题。倒

143

不是因为写鸡汤具有治愈性，而是因为忙，忙得无处可逃，忙得分身无术，忙得精疲力竭，没有时间去想，没有时间睡觉，没有时间吃饭，当然也没有时间和闲情逸致去体验生命不可承受的脆弱。

原来这真的是闲出来的毛病。

不过，忙得不可开交的人可不仅仅是我。午夜之后在微信上讨论工作，发信息，不但人人在线，还都秒回。

没有人逼着我每周发文，没有人逼我囤稿写书，没有人逼着我创业，没有人逼着我熬夜，更没有人逼着我拼命。自媒体的压力和紧张是有目共睹的巨大，除此之外还有销售、市场、品牌、技术，更别说转身跳进创业苦海的老板们。

越来越多的人选择给自己打工，就是为了不看老板的脸色，自己可以安排自己的人生。事实上，真的开始做了才知道，这个世界上，绝无仅有，心黑手辣，无视人权，最下得去手把自己往死里逼的坏老板，原来是我们自己，没有之一。

开始的时候，人人都以为人生如打仗。只要拼上一段时间，占住一个山头，就可以种满桃花，优哉游哉当个美猴王。

事实上人生是逆水行舟，选择只有A，拼命努力，或者是B，被迫放弃。压根不存在一个选项叫作：优哉游哉地漂在水中间。

每个人都有这么大的压力，不是因为太贪心要赚更多的钱，而是如果停滞不前，如果不变得更强大，就会被吞噬，会被抛弃。曾经付出的所有的努力全都前功尽弃，枉费心机，一败涂地。

地球已经进化了几亿年了，人类也有几万年了。唐宗宋祖，秦皇汉武，排队排到晕眩了，终于轮到我。人生最大的魅力也是最大的遗憾就是单次性，不往返。既然只有一次，我们到底想要一种什么样的人生？

曾听说过这样的故事：有人花了重金贿赂批注投胎的小鬼，想让他下辈子给他找个好人家。

小鬼收了钱，大悦："你要怎样的人家，说来听听？"

此个人说："不做皇帝不做官，家产万贯，如花美眷，父母健康，兄弟和睦，子女双全，朋友情深，气宇轩昂，玉树临风……"

他还没有说完，小鬼打断了他："天下若有此等人家，我早就去了，怎么还轮得到你？"

这世上哪有理所当然顺心顺意的完满呢？

繁华永驻的荣国府也不过四五代的富贵。若没有盛极一时，又败落下去的江宁织造，哪来石破天惊的《红楼梦》？

我们总是觉得，活着要吃要喝，被逼无奈要去赚钱。事实上，为了活下去而必须赚的钱只是一小部分。更多的时候，我们赚钱是为了实现自己的价值。

这几十年是走个过场为了活而活，粗茶淡饭，平平淡淡？还是上天入地，极尽努力，拼上身家，折腾一番？

我奶奶是地主家的大小姐，被自己父母过继给无所出的姑姑。她成了姑姑的独女，嫁给也是地主的爷爷，带过来良田很多亩。奶奶身高166厘米，白皙纤细，而且奶奶是极少数会写字的小脚女人。

家里请过两年私塾，中文繁体，一笔一画，工工整整，奶奶还非常有灵气和艺术感。十里八乡的女人，都来求她画绣花样子。87岁的时候，还给我绣桌布，一个蝴蝶绣得惟妙惟肖，浑然天成。

新中国成立之后，地没了，值钱的东西也没了，带着四个孩子，做了一辈子的家庭妇女。

奶奶给我说："这辈子，我最遗憾的是没有工作。"

在人生中，比赚钱更能让人上瘾的是证明自己的价值和能力。人活着不是为了吃喝拉撒的初级需求，而是为了证明自己。

有人进山求仙。半山亭上偶遇白胡子老头，慈眉善目，跪下磕头求长生不老的秘方。

老头捋着胡须说："没有七情，戒了六欲，不近女色，不图名利，不谈金钱，万念皆空……"

此人打断了老头的话："若是如此，就算能活上两百年，人生又有什么意义呢？"

说实话，我不认为如果春雨医生张锐再活回来，他可以放弃自己的梦想，修身养性，晒着太阳在山上放羊，悠然活到一百岁。

在这个世上，有的人来，是为了消磨；有的人来，是为了拼命。

猝死，总是一场令人惋惜的离别。

可是人生无常，我不知道明天我会发生什么，我不知道今天我还能不能撑下去。连我在内，没有人能够知道自己可以走到哪里。

人生只有一辈子，对我来说，最重要的不是功成名就，而是拼尽全力，做到自己能做的最好，不让自己后悔，才是真谛。

我想那些正在挣扎，亢奋加班，熬夜工作的人，大抵想的，也不过如此。

总有一段人生，要自己扛下去

我有个阿姨，做了一辈子的语文老师。退休之后，很多人慕名而来，请她为自己的孩子辅导课程，都被阿姨拒绝了。

后来，有人托了好几个不同的关系再次找到阿姨，阿姨推脱不掉，便说："那我们试一次，带份最近考试的卷子来分析一下。"

约定好的时间，是那个有些身价的父亲带着孩子过来，态度倒是谦恭，寒暄半天。开始上课，阿姨说："试卷拿出来看看。"

小姑娘开始翻书包，翻来翻去，耸耸肩说："忘拿了，应该在书桌兜里。"

这时候小姑娘才想起来，明天要交的作业，也是要改这张卷子。回头说："老爸，我坐在教室第二排，靠窗的位置，你去给我拿回来！"

老爸马上站起来，抬脚就走，走了一步似乎想起什么了，转身问："明天还要交什么作业？快查查，我一起给你拿回来。"

这时阿姨说话了："同学，你收好东西和你爸一起走吧！今天的课不上了。"

四年级的小姑娘非常惊讶，估计从来没有人跟她这么说过话。嘴一噘，头一扭，分明就是生气了。

姑娘的老爸赶紧赔着笑脸说："老师，学校不远，开车半小时就能回来，我们一定下不为例。"

当了四十五年小学教师的阿姨说："学习，尤其是基础教育，最重要的不是聪明，也不是努力，而是学生要知道，学习是自己的责任，不可推卸。看样子，她在家里，从来没有负过责任吧？这种没有责任感，不懂得担当的孩子，找谁教也是教不来的。"

阿姨发难，并不是孩子忘了带卷子。谁没有"忘了"的时候？可是"忘了"总是一个疏忽，是一个造成了既定困扰的错误。无论是有心还是无意，既然错了，至少要有一个自我检讨的态度。

没有自我检讨，还有人倾力庇护，怎么会有进步？

中国家长是世界上最精心精益，最舍得花时间，最不计成本，最不惜余力地培养孩子的家长。

为了孩子，上刀山下火海，在所不惜，但是中国家长也是世界上最望子成龙，最喜欢包办包陪，专治专管的家长。

这样的孩子永远都长不大，家长也不会享受舐犊情深的天伦之乐。

我有一个法国朋友，他是一家公司的总经理。有一天秘书来报，某同事的妈妈来了，在外面等。

在法国，有同事的直系亲属不请自来，基本上都是因为同事本人发生了意外。他吓得冷汗都出来了，停了手头所有的工作，让人事部经理陪老太太进来。

老太太进来的时候，目测看着神态平和，他松了口气，估计事故并没有造成特别大的伤害。

大家坐定，老太太开始说："谢谢公司给囡囡这个机会。我家囡囡从小就是听话的好孩子，德智体美样样一流。初中升高中、考大学，后来的研究生都是自己考的，不需要家庭帮助。去年9月份入职公司，虽然工资不高，但是每个月都还能省出钱来孝敬家里……"

我朋友不会讲中文，靠翻译一字一句翻译。足足三分钟过去了，老太太还一直在唠家常。他看了看人事经理，人事都是人精，马上接上去问："阿姨，请问你今天来，有什么事情呢？"

老太太说："哦哦，今天来有两件事，第一呢，我家囡囡也来你们公司八个月了，一直没有涨工资，可是根据她的学历和能力，我和她爸爸认为公司应该给她涨工资。另外呢，她们部门的主管，已经怀孕了，再过几个月要休产假了，我们觉得囡囡比较合适这个位置……"

"What？？？"

看到老板一幅目瞪口呆的样子，人事经理赶紧站起来说："阿姨，这个问题归我管，我来跟你谈。"

老太太走到门口又停下说："如果是个国有公司，依照我们的人脉，总能找得到关系；但是你们是个外国公司，我们实在是找不到，这才顶着我的老脸跟总经理来求个情。真是很不好意思打扰您，但是你知道我家囡囡，从小就优秀、单纯、内向、脸皮薄，这些话都张不开口的，从小到大，总是吃亏的……"

人事和助理一左一右地挽着老太太，半推半拉地把她请出了办公室。

这是一件如假包换的真事。听起来也许有点夸张，但是正如老太太自己说的，外企他们找不到关系，才冒冒失失闯到这里来。凡能沾上个边儿的地方，三姑六婆的关系用上，加薪升职，公司外面可以解决的问题，何苦抛头露面跑到公司里？

公司本来计划送囡囡小姐去法国培训，进一步培养的。我朋友换掉了她的名字。

工作能力可以培养，工作态度可以教育，但是连涨工资都要自己的妈妈来说的人，我们能够期望她担当什么呢？没有责任感的人，不适合做项目性工作。

让一个没牙的婴儿吃块状食物，会导致婴儿咀嚼不良，有可能窒息。

让一个长满牙的孩子只喝奶水，会导致孩子营养不良，完全无法发育。

儿童和成人之间最本质的区别，并不是懂不懂奥数，会不会英语，能不能背得出唐诗三百首，而是面对人生，面对选择，是认认真真写上自己的名字，还是左顾右盼，在人群中寻找自己的监护人。

最初和卢中瀚在一起，最让他抓狂的就是我常常说："我无所谓，你决定吧！"

还有其他很多类似的话，如"随便""你来选""听你的""我都行"……这些话的潜台词，不是我宽容，把选择权留给你，而是我不想承担责任，你来选，选得好选不好，责任不在我这里。

责任是烫手的山芋，到手的橄榄球，能抛多远就抛多远。没有责任，没有压力，没有问题。

宠爱并保护自己的后代，是父母的责任，也是天性，无可厚非。

亲情总是深厚而盲目，从小到大，只要有父母的地方，我们已经被保护得过度，我们不需要承担后果，我们已经习惯依靠。教育子女说得最严重的话也不过一句"下不为例"，这仅仅是一个一秒钟的过场而已，哪个孩子会放到心里去呢？

无论实际年纪多大，心永远停留在8岁的年纪，觉得自己永远是长不大的"宝宝"，这是在逃避责任，是自己毁灭自己。

事实上，世界上根本没有那么多天作之合，没有不需要努力的美事。

事实上，世界上的大多数事情，都需要拼命努力。

顺应天意和随心所欲，根本是两件风马牛不相及的事情。

"人"作为是汉语中最简单的字之一，也是汉语中最难做好的字之一。赢得起不难，输得起才难，更难的是输了还能站得住。站得住才是一个人；站不住，倚着树木坐下来的叫作"休"。

一个没有责任感，不敢担当的人，只能做一个轻飘飘无声的追随者，永远不可能成为领导者。成大器，最重要的品质就是担当责任。

再亲、再爱、再亲密、再不舍，靠父母、靠爱人、靠朋友、靠子女……人这一辈子，没有一个人可以替我们承担所有的责任。

每个人总要有一段人生，谁也靠不住，谁也靠不上，只有自己一个人扛着走下去。

人生永远就是这个样子的：

在别人眼里，看到的都是蝴蝶飞舞的风光，而只有你自己才明白破茧成蝶的痛苦。

原来成熟就是，不必说，自己扛，自己承担，金玉其外，冷暖自知。

女人究竟该如何直面人生的恐惧

某晚临睡前，已经关了灯，说晚安的时候，卢中瀚突然斜过来亲了一下我的脸。这周他没刮胡子，扎得我直咧嘴，然后听到他说："我要趁着你没变老之前，再亲一下。生日快乐，我的胖鸭子。别担心，再老我也会爱你的啦，晚安。"

哦，是的，那天是 2 月 22 日，我的生日，我又老了一岁，43 岁了。

子曰："四十不惑。"做了 43 年的女人，我想写点东西给自己，也写给过了 43 岁或者还没有到 43 岁的你。

做女人一定要体现自己的价值。

生活在经济社会中，我们已经习惯用钱来作为价值的衡量标准，可事实上，把钱作为一种人生态度，在实际生活中，操作起来，却是很有争议性的。

几年前，有个报道，一个年薪百万的女高管，常年被丈夫家暴。经济独立，并不能自然而然地带来人格独立。

154

我一直记得一个法国朋友的母亲，她是全职主妇。

每天放学，她和孩子们一起吃点心、写作业、做晚餐、分享孩子人生中的点点滴滴。在孩子们上学的时候，她去整理市立图书馆，组织夏季露天电影，义卖旧衣服捐给非洲受灾的小孩……

他们兄妹三人，在母亲精心的培养下，都有着各自非常好的工作和家庭。走在小城里，她的母亲比市长还要有人气。跟老太太去买一次菜就知道了，什么才叫"爱戴"。

这辈子，她没有赚到一分钱，可是她却拥有让自己，也让家人承认且骄傲的价值。

而今天，我看到周围生活在苦恼中抱怨的女人们，她们的苦恼是真的，可她们苦恼的最大根源是来自自己物化了自己。

全职妈妈苦于自己没有收入，职业妈妈苦于自己收入没有老公多，收入高的妈妈又苦于自己没有时间兼顾家庭。几千年来，女人都被教育得太低眉顺眼，我们只能看到自己的不足，抱怨自己的付出，却不敢高声地告诉自己付出的价值。

如果你不想让别人用钱来衡量你，那么最好先学会别用钱来衡量自己；要知道委屈或者抱怨都是没有用的，想让别人中堂正座地对待你，首先自己要给自己跨进大门的底气。

其实，在大多数时候，让自己肯定自己，是比让别人肯定自己更难的事。

做女人一定要有可以帮助自己缓冲的爱好。

每个女人成为母亲之后，最大的苦恼就是没时间，24 小时连轴转地被填充，没有一分钟的时间是属于自己的。

最初每个人对这种痛苦自然是拒绝的，可是在岁月的推搡中，渐渐地就会习惯这种被填充的忙碌，直到有一天，孩子大了，老公不在，而闺蜜也已经远离自己……

人生苦短，可还是有很多足以消磨的时间，而靠别人，都是没用的。

当然如果你的人生，要靠闺蜜来填充，是非常可怕的。当然有不少女人，因为在闺蜜那受了气，才一鼓作气，最终彻底改变自己的人生。

男人除非三个月的热恋期，其余时间他是比女人更孤独的动物，更需要时间自我沉淀，这并不是因为他不爱你，相反是为了更好地爱你。

而孩子的人生使命就是，长大之后，远走高飞。把孩子强行困在自己的身边，是非常自私且变态的。

人生总要学会独处，自己面对自己，自己消化自己的情绪。在社交之外，我们需要筑建一个给自己缓冲的区域，可以怡然自得地享受，惬意悠然地生活。

我把可以自娱自乐的事情，从性质上来分成两类，消耗价值和创造价值。

购物、宿醉、暴食、看电视，这些都是在消耗价值；而画画、读书、瑜伽、摄影或者其他某种爱好，都是在自己独处过程中，创造一种属于自己的独特价值。

所谓创造价值，就是让自己沉浸在其中，忘掉世间烦恼，让紧绷的神经柔软下来，让自己的心灵变得独立。这样，重回人世的时候，才可以恢复力量，面对自己人生中的侧面，老公、父母、孩子，以及所有……

而那些被自己创造出来的价值，是不会消失的，都会转化到自己的人生价值中，成为社交中的闪光点，被别人认可、欣赏和赞许。

做女人一定要注意与婆家的关系。

在我们 98% 都是女性的读者群里，"婆婆"是个神奇的字眼，只要一有人说到"婆婆"，乃至跟婆婆沾边儿的公公、大姑姐、小叔子，即便是个夸赞，整个群也会马上沸腾起来。

常常有人问我如何摆平婆媳问题。

可是关于婆媳问题是我人生的短板。面对婆婆，我没有什么战略和战术。因为我和婆婆完全没有什么交集，吃个饭、聊聊天、互送个礼物，反而惺惺相惜，没啥问题。

至于说到摆平婆媳问题，我觉得唯一的方式，就是远离婆婆，乃至整个婆家，无论是生活上，还是经济上，更包括精神和感情上。距离产生美，让我们相敬如宾地在一起。

我发现最不容易做到的，居然是精神和感情上的远离。这里的感情远离，当然不是指让老公远离，他的母亲，他从小到大的家庭，我们无权要求他做出疏远的表示。

可是对于绝大多数的媳妇来说，五千年的传统，深深扎根在女人的意识中，做个面面俱到，里里外外都是一把手，被婆家人夸赞和认可的媳妇儿，才是最完美的人生。

很多女人，不需要婆家经济支持和出力带孩子，可依旧愤恨，因为在某个或者某些事情上被婆婆否定了，或没有得到婆婆全部的认可和支持。

再加上经济和生活，于是就变成了一辈子也疏解不开的问题毛线团，越解越乱，伤口积在心中，慢慢腐蚀。

婆婆不是妈，但就算跟自己的妈，成年之后也会产生矛盾，发生口角。其实所谓的丈母娘疼女婿，那是丈母娘在用自己的方式，希望女婿对自己的女儿好一点儿，在丈母娘的心里，永远都是自家姑娘排第一。

不止一个女人告诉我，自从和公婆分开住，自己咬牙煮饭、带孩子之后，婚姻飞速稳固，人生清爽许多。

老实讲，珍爱婚姻，就要尽量远离婆婆。

做女人一定要长期稳定地运动。

我从 2020 年 1 月份开始系统地运动，咬牙请了贵得要死的私教，说服卢先生跟我一起上课，每周两次。其余的日子，每天都去健身房跑步 30 分钟，一周 7 天。除了春节的假期，我差不多能坚持 5~6 天。

运动了两个月，肚子好像真的小一点，可体重一点也没有减。教练说，那是因为我的肥肉变成了肌肉，肌肉比肥肉沉。

其实，我是个容易减肥的人，只要节食，就能肉眼可见地减下去。这次花这么多钱，流那么多汗，大动干戈，我也真的不是为了减肥而减肥，我要改变的是自己完全不爱动的习惯。

小时候，我常常满园子乱跑，上房爬树，无所不能。可是渐渐地书读多了，才知道原来所谓大家闺秀，都要娴静安逸，冰肌玉骨清无汗。

然而，人体是一个有记忆的机器，会记录下你喜欢做的东西。一个不喜欢运动的人，行动会变得越来越缓慢。体重仅仅是一个指标，可是日渐松下去的肉和皮，越来越提不起来的精神，更有天天伏案打字，已经开始前倾的颈椎，都在时时刻刻地影响着我的生活状态和人生质量。

作为一个不爱动的女人，现在我终于明白了运动的意义。那种拼命咬牙，气喘吁吁也要坚持的痛楚；那种运动完了，满身酸痛，大汗淋漓的爽意；那种和懒惰斗争的意志，还有掌控身体的自信……原来运动给我们的，并不仅仅是一个美丽的体型，还有一种坚韧、自律、精力充沛的状态。

让自己坚持运动，这才是女人能够做到对自己好一点的事情。

做女人一定不要给自己的人生设限。

成年之后的好处是，我们可以独立自主地把每天都过成一样的。吃一样的早餐，坐一样的地铁，去一样的地方上班，再坐一样的地铁回来，吃一样的晚餐，看一样的电视，躺在一样的床上，等着一样的明天到来，无论春秋，无论冷暖，甚至无论假日。

这种千篇一律的日子，看起来会觉得很无趣。事实上，我们 95%、90%，或者 85% 的时间都重复着自己前一天的生活。人只对自己知道和掌握的东西感到舒适，安全感也是一种局限的束缚。

人，可以生出很多情绪，幸福、快乐、舒心、惬意，抑或愤怒、讨厌、嫉妒、憎恨……在我看来，控制人生最大部分的情绪是恐惧。

因为，作为渺小的人类，我们有太多不知道、不了解、无法解释、无法掌控的东西，面对这些我们只有恐惧。

纵然可以把分娩全程摄像的今天，也没有人能够记得自己出生的感觉。

如果有的话，我想一定是浑身酥麻的恐惧。设想一下，从一个黑暗、温暖、紧促的水中，被一股巨大的力量死命推出来，到一个明亮、冰冷、陌生、广阔的空间里，无依无靠，谁能不恐惧呢？难怪所有刚出生的孩子的第一反应，永远都是哇哇地大哭。

面对恐惧，我们能够做什么呢？

只能用尽全力使自己强大，无论是精神上的认知，还是生活中的经历。每一次走出安全区面对的都是新挑战，都有一种惶惶然的心理悸动，可是每一次挑战无论是输还是赢，都或大或小地扩大了人生的边界线。

因为从出生开始，随着我们不停地努力和探索，我们不会

160

再哭，而且开始享受这个花花绿绿的世界带来的精彩。

可人到中年之后，我们可以放缓自己的步子，停留在前半生的舒适区，千篇一律地老下去。当然，我们也可以重新整理自己，保持自己的状态，继续挑战下去。

每个人的一生中都有一个最重要的身份，那个身份就是我们自己；但是我们又不得不扮演不同的角色，妈妈、妻子、女儿、作者、行者、食客、创业者……

在今天，我想我们的人生就是极大限度地去体验不同的角色，丰富那个唯一的自己。

前两天，我在整理一个很久没有用的硬盘，找到了很多老照片。

我才发现原来年轻的时候，照片上的自己都是不会笑的。但即便冷着脸，心也是热的，巴望着全世界的美好都来向自己靠拢。

这些年过去了，我终于学会了对着世界微笑，一晃已是四十不惑的年纪。

最后，非常感谢能读到这篇文章的每一个人，感恩有你。

**有实力，
才有底气**

究竟是什么让女人越活越卑微

作为一个从全职主妇一路成长起来的女性公众号号主，我知道，我的读者中，有很多人是全职主妇，或者是隐形全职主妇。

全职主妇，顾名思义就是不上班，顾家带娃的女人。我曾经写过一篇文章，就是关于"隐形全职主妇"，而我把这个名字定义成，就是那种有个喝杯茶的工作，但工资不能养活自己，也不能分担家庭重担，依旧以顾家带娃，作为自己人生目标的女人。

在我国 20 世纪七八十年代，男女就业和收入水平大致相当，到了 90 年代末期，出现了越来越多不去工作，以照顾家庭为自己人生目标的主妇型女人。

最初都是美的，甚至是令人羡慕的，因为没有同事的钩心斗角，没有完不成 KPI 的焦虑，没有风吹雨打的通勤，却有一个爱自己，而且能养活自己的老公。

然而，事实上每天我都会收到很多的留言，各种人生的烦恼，可如果做一个统计的话，我猜全职太太或者隐形全职太太，应该是烦恼最多的一群人。孩子不听管教，老公总不回家，公婆总不满意，而自己也总是卑微得无声无息……

全职或者隐形全职主妇的人生中，好像什么都有，然而却是最无奈和脆弱的群体。因为在她们的人生中，只有一个家，可这个家里有老公、孩子、公公婆婆，以及自己的父母，总要顾全很多人，然后就没有了自己，慢慢地沉沦。

你不工作，买什么化妆品？

你不工作，都在忙什么？

你不工作，连个孩子都管不好了？

你不工作，照顾个公公婆婆有什么难的？

……

我想每个全职或者隐形全职太太，都在日复一日地听着类似的言语，心永远不会迟钝，因为每听一次，心痛一次。

真的大约没有人比我更能懂得全职太太的悲喜了，尤其是中间那些脆弱、卑微、没有价值，被最爱的家人、老公和孩子无视和不尊重，这些我都太懂了！

不知道有多少人问过我，到底应该怎么办？到底应该怎么做才能从焦灼的状态中走出来，找到自己的价值和人生，还不是以离婚为代价，放弃孩子和家庭？

对于大多数女人来说，最困惑的还是时间，到底应该怎么分配自己的时间？如果去工作，怕委屈了孩子；如果不去工作，一直在委屈自己。

∅　　　我在很多的文章中，写过很多次，赚钱其实是次要的，对于一个女人来说，最重要的是先找到自己的价值，让活在周围的人看到自己的价值，才能受到尊重。

是的，只有平等才能被看见，只有平等才能被尊重。

前几天，我熬夜看了个小众电影，印度的片子，不算很新，但拍的就是一个全职主妇从被无视，到被尊重的过程。

从绝望主妇，到快乐女主，我们差的究竟是哪一步？家会伤人，但和别人不同的是，家人是爱我们的，到底应该如何赢得家人的尊重？

这部影片名叫《印式英语》，故事很简单，轻喜剧，就是讲一个印度女人学英语的故事。

2012 年的片子，豆瓣评分 8.2。在我看来，这片子演的并不是女性独立，而是一种平等，因为只有平等，才能让别人看到你的眼睛。

电影的女主莎希是个全职太太，丈夫事业有成，孩子成绩优异，莎希把这个家照顾得井井有条。

美丽大方、温柔贤淑，又做得一手好菜的莎希，在外人眼里算得上是一个完美的全职太太了。

可在丈夫和孩子的眼里，莎希不过是这个家的附属品，不创造价值，所以就不配得到尊重。

全职太太之所以是一份"高危"职业，主要是有一个价值的认知差。人人说起来，都会觉得全职太太享清福，好像不用工作，可事实上哪里知道照顾孩子和家人有多么的辛苦！

之前在网上看到图片，诠释了一个有两个孩子的全职妈妈的一天，感觉又真实又心酸。

这样的忙碌琐碎是多少全职太太生活的缩影？

莎希就是这样的一个家庭主妇，为了家庭忙碌到甚至丢掉了自己的生活。

影片里的一个小细节特别真实，从丈夫孩子起床到出门，莎希就围绕着他们忙前忙后，自己的那杯咖啡，喝了一口就放下，直到变凉。

可并不是所有的忙碌都能换来尊重与理解。

在影片中，莎希的丈夫和孩子们，从不把她当作一个独立的人，而是这个家的附属品，不需要感激，也不需要尊重。

莎希深深地体会到了这样的不平等，一切的导火索，都是因为她不会英语。

在印度不会说英语，就好比在中国不会说普通话只会方言，而且是双方谁也听不懂对方语言的那种。

不会英语，这放在乡村或者小县城还好，但如果放在稍微发达一些的地方，就成了被嘲笑的借口。

莎希将女儿在学的"爵士"说成了"查兹"，在饭桌上引来了丈夫和孩子阴阳怪气的嘲笑。

这个世界上每个人都可能去讥笑别人的无知，这就是人性使然。可是那个被别人讥笑的人并不在乎，只是默默一鼓作气，努力克服，争取用最好的结果回击那些嘲笑自己的人。但唯独

Ø 　被家人讥笑，却是最令人伤心的，如针扎一般的痛。

　　我们都希望，能有个人，无论我有多差，都无条件爱着我，这份爱无关优秀与否，只因为我是我。

　　可事实上，大多数情况下，能力与优秀程度的对等，才是谈爱的基础。

　　女儿在全英文学校读书，一次因为丈夫有事，只能莎希去帮孩子开家长会。

　　老师不懂印度语，莎希听不懂英文，两人只能尴尬地通过手语和想象力沟通。

　　开完家长会在回家的路上，女儿对莎希极尽言语的侮辱，觉得这样的母亲丢了自己的面子。

　　莎希默默承受着，可孩子对母亲这般的大呼小叫，算是什么道理？

　　面对丈夫和女儿的鄙视与嘲笑，莎希既愤怒，又自卑。

　　可她无可奈何，不会英语的缺陷，让她自己都无法自信起来，谈何获得家人的尊重？

　　而事情到这里有了转机。

　　莎希远在美国的外甥女拜托她来美国帮自己在纽约操办婚礼。一个不会英语的人，要如何在纽约生活一个月？

　　可在亲人们的恳求下，莎希同意了。她独自前往纽约，而这成为改变她命运的一趟旅程。

　　一个不会英文的女人独自来到纽约，自然是艰难的，海关对莎希各种嘲讽和刁难。

当莎希脱离了家庭，独自在外时，不会英语的弱点，被无限地放大。

这里有个小片段我印象很深，咖啡厅的女侍应，因为莎希无法用英文点餐，而当众羞辱她，莎希一个人崩溃地跑了出去，坐在马路边抹眼泪。

独自一人，不会交流，又被欺负，这份绝望和孤独，看得我心里堵得慌。

当命运仿佛将莎希推入谷底的时候，才让她真真切切有了改变的念头。

莎希在路上偶然看到了"四周速成英语"的广告，她默默记下了联系方式，瞒着所有人，偷偷去上英语课。

对，她要学英语！

让一切的变化，先从自己开始。

一同来补习英语的同学来自世界各地，英语都不怎么好，这样的共同点让他们相处起来毫无压力。

在这里，莎希不是谁的妻子，不是谁的母亲，她就是她自己。

语言班的氛围热烈而融洽，大家有着不同的背景，各有各的骄傲与自卑，也让他们相处起来更加自然。

莎希为学英语全力以赴着，她会抓紧每一分每一秒的时间去背单词，练语法。

像准备考试的孩子一样，她在房里的每一个角落贴上英语

有实力，才有底气

学习的便利贴，抓紧空余时间去记忆。

即便是看电影的时候，莎希也抓紧时间，当然她不是单纯地去看电影，而是为了跟着电影里面的角色练习英语的发音和语法。

当一个人开始为了一项事业专注与努力时是最迷人的。

聪明又努力的莎希总在课堂上得到老师的夸奖。

而在一次和朋友的吃饭过程中，莎希未经思考，流利又准确地用英语点了单。

这样的成果让莎希和朋友都大吃一惊，此时，属于这个独立女性的自信与光芒，一点点回来了。

是的，很多时候，我们总以为这种光辉只有金钱能够带给我们，可事实上，并不是这样子的。

在英语学习的过程中，莎希也慢慢走出了自己的舒适圈，生活中不仅仅有丈夫孩子，她还学着去和自己的朋友们交往。

莎希带自己做的拿手点心分享给这里的同学，每个品尝到美味的人，都会由衷地褒奖她。

她收获了属于朋友们的尊重。

和朋友们相处的过程中，莎希真正感觉到自己是个独立而自由的个体，没有人会嘲笑她英语差，而她的每个优点，都会被朋友们珍藏。

她会和朋友们一起到天台上欣赏美景，享受属于自己的生活。

那份对生活的掌控感和热爱，逐渐回来了。

168

我一直觉得对于全职妈妈来说，有自己的交际圈是件很重要的事情。

我很尊重全职妈妈这份职业，但我并不赞同把自己的所有时间都投入到家庭中，失去了自己的交际圈。

我们的交际圈会随着年龄的改变而变化，少年时的朋友只需要一起把酒言欢，中年时的朋友或许变成了一起分担烦恼的那群人，这些都没问题，可是问题是我觉得不应该把自己沉迷在家庭事务里，封闭了自己。

其实当了妈妈之后，会更容易交到朋友。推着孩子在小区里散步，就能结交到一些年龄相仿的妈妈们，一起交谈育儿经验。

一周，甚至一个月，我们总可以找到几个小时，把孩子交给别人，给自己留下几个小时，经营一下自己的爱好，会一会自己的朋友。

社交这件事情，对我来说，最大的意义并不是彼此利用，而是意味着不管什么年龄什么职业，都要有自己的生活。

最可怕的生活状态，就是完完全全围绕着孩子、家庭，从早到晚，从给家人准备早餐，到晚上给孩子讲故事哄他睡觉。

完完全全围绕着家人的生活，会让人恍惚间，忘记了自己是谁。

我到底是我，还是家庭的附属品？

这很可怕，也很令人窒息。

我们再次回到影片，这里有个小小的插曲，便是同班的法国男孩，当莎希在咖啡厅被女店员欺负的时候，这个男孩便追上去安慰了她。

机缘巧合，两人在英语班又相遇了。

法国人果然骨子里都带着浪漫与自由，即便知道莎希有家庭、有孩子，他还是大胆地表达着自己的爱意。

两人从做饭中找到了共同语言，这个法国男孩也让莎希对自己越来越自信。

这个男人让莎希明白，自己是个值得肯定、值得尊重、值得被爱的个体。

相信不少观众都和我一样，看到有这么一个男孩，能尊重并且深爱着莎希，真希望他们能够在一起。

但最后，莎希还是拒绝了这个男孩，忠于自己的家庭与爱情，或许这就是这个印度女人的成熟与睿智。

可无论如何，莎希感谢这个人，是他让自己重拾自信，也教会了她，如何去爱自己。

故事的最后，就来到了影片的重头戏，莎希帮忙操办的婚礼。

莎希准备了一份英文的婚礼致辞，希望能通过这场祝福，和过去自卑的自己挥手告别。

可还没等她开始说话，她丈夫突然站起来给大家道歉，说莎希的英语不好。

看这段的时候，我的情绪很复杂。

从表面上看，丈夫的这种言语，真的是一种令人想当然的不尊重。

可他这么说，究竟是为了什么？

其实本质上，因为他知道莎希的英语很差，觉得她这样的演讲，肯定会被很多人当众嘲笑。他并不想让自己的妻子被外人嘲笑，他企图用自己的道歉，向外界讨个人情，放过莎希。

是的，他是爱她的，所以他愿意带着孩子们突然来美国，给莎希一个惊喜。老夫老妻的爱太久了，归于平淡，已经不用宣之于口，但并不是爱不存在。

然而，在老夫老妻的人生中，有太多因为时间而沉淀下来的偏见和盲目，让他固执地看低了莎希，于是他的道歉，虽然出于爱的保护，可无论是在观众，还是在莎希听来，都有些刺耳。

是的，这是对莎希的不尊重。就是因为爱，才更容易带来伤害。

而莎希只是拍拍丈夫，示意自己可以迈出她人生道路上，小小的，却是重要的一步。

她用不是那么熟练的英语，慢慢地，说出她对新人们的祝福，以及她对婚姻的理解。

或许双方都会有处于弱势的一天，或许我们并不能很好地意识到、体会到对方的脆弱。

这时候你需要自己帮助自己，没有人比你更能帮助你自己了。

影片里，莎希对新娘和新郎祝福的话，还是用英语讲得磕磕巴巴的，然而，在场的每个人，当然也包括她的老公和孩子，都已经非常明确地感觉到了她的变化。她不再是那个不懂英语、土包子的莎希，她身上出现了某种变化，让她看起来判若两人。

在影片的最后，莎希依旧是那个家庭主妇，但心态已经完完全全不一样了，因为她收获了家人的理解与尊重。

她终于认识到，让自己有魅力、让自己强大、让自己自信的，不是爱，不是家，而是自己。

她努力克服自己的缺点，让自己重拾自信。她结交新的朋友，充实自己的生活。

而她的变化，被丈夫、孩子看到，他们也逐渐意识到了自己口无遮拦的话语，或许会深深地伤害到自己爱的人。

生活，随着寻找到自己的价值与意义而变得美好。

学会爱自己吧，全天下的女人们，因为有平等，才能有尊重，只有彼此尊重，才有谈爱的可能。

:

第六章

我们总在追求
美好的路上迷失自己

:

你的人生无趣，根本和仪式感无关

我有个朋友，名叫莉莉。她有房有车，有老公有娃，有品位有姿态，绝对是一线城市中产阶级中的精致女人。

莉莉认为，对于一个人的人生品质而言，仪式感是一个非常重要、不可忽略的问题。

当年，莉莉在思南公馆举行的草坪婚礼，到处都是荷兰进口的粉色香水玫瑰，草坪的桌子上摆满各种甜点和鲜花，凳子周围坐着穿戴整齐的宾朋，每个人都喜气盈盈，笑容可掬。

莉莉穿着手工定制的带有羽毛和珍珠的婚纱，在音乐声中缓缓前行，前面是穿着定制西装的先生，她有刹那间的恍然，不知道这是现实还是在做梦。

7月的上海，燥热苦闷，草坪上吸血的蚊子一群接着一群；下了太多的雨水，地是软的，穿着高跟鞋，一走一个洞；五颜六色的马卡龙，入口甜得要命；鲍鱼明显比订的时候小两个等级……这些都是会在记忆里面慢慢淡去的细节，留下来的仅仅是扎着粉色缎带的白纱帐幔，美得动人。

结婚之后，莉莉也非常在意培养家庭的仪式感。

每年从 12 月 31 日开始，跨年狂欢；1 月有元旦；2 月有春节，情人节；3 月有妇女节，白色情人节；然后 4 月是莉莉的生日；5 月有盛大的"520"，母亲节；6 月是父亲节，外加恋爱纪念日；7 月是结婚纪念日；8 月有七夕；9 月教师节（因为莉莉是位老师），外加中秋节；10 月有十一长假，10 月 30 日的万圣节；11 月是先生的生日；从 11 月下旬开始，莉莉就进入戒备状态，因为她自以为年度最有趣的节日——圣诞节要来了！圣诞树、圣诞礼物、圣诞大餐……

和她在一起，并不是赏心悦目的精致，而是拼命折腾的疲惫，让人困顿不已。

不知何时，仪式感变成了一个流行的词语，人人都在说，没有仪式感的婚姻有多可怕，没有仪式感的人生有多么糟烂。你活得无趣又无聊，就是因为你没有仪式感。每个人都需要一些仪式感来提醒自己，其实生活除了苟且，还有诗与远方。

我也看了一些关于仪式感的文章，那些文章混淆了一个非常严重的问题，到底什么是仪式感？

有一次盛大的婚礼是仪式感；有一个充满惊喜的烛光晚餐是仪式感；中秋节就着月饼赏月是仪式感；秉烛夜读的时候，点一支日本香也变成了仪式感。

在鸡汤泛滥的时代里，仪式感像变成了一个万能的清凉油，看起来抹哪里都行。事实上，除了止痒以外，抹哪里都没有什么效用。

那么，究竟什么才是仪式感？

从字面上看，仪式感是从仪式上演化出来的一个词。

如果仪式指的是在诸多典礼过程中既定的秩序形式，那么为什么仪式感变成了人们表达内心情感最直接的方式？

其实作为一个明确的，可以联系到每个人的日常思维哲学概念，"仪式感"其实是从西方引进来的。

"仪式感"在英语和法语中都是 Rite 。Rite 是指一种神圣的或者有象征意义的社会活动。

在西方 Rite 通常指的是一些和宗教有关的活动。对于天主教国家来说，因为婚姻本身被教会定义成一项神圣的职责，所以婚礼是非常有仪式感的事情。

说到底，西方的 Rite，其实是和中国的仪式有更接近的意思。而把仪式 Rite 升华到仪式感的是一只会讲话的狐狸。

我一直觉得《小王子》整本书里面，最精华的那章是，当小王子遇到了狐狸。狐狸给仪式感增加了注解，把神圣宗教的仪式感的意义延伸到了精神层面。

"仪式感是什么？"小王子问狐狸。

"这也是一种早已被人忘却了的事。"狐狸说，"它就是使某一天与其他日子不同，使某一时刻与其他时刻不同。比如说，我的那些猎人就有一种仪式。他们每星期四都去和村子里的姑娘们跳舞。于是，星期四就是一个美好的日子！我可以一直散步到葡萄园去。如果猎人们随便什么时候都跳舞，那么每天又全都一样了，我也就没有假日了。"

原来仪式感的精华是让我们感到这一天和其他日子的不同。正是因为不同，才让我们从烦琐的日常生活中抽离出来，从另外一个全新的角度去看待生活。

因为仪式感本身是中立的，根本不是所谓的美好精致，诗和远方。让你产生心灵感应的仪式感，其实是一种相对的感觉，它存在的要素根本不是某种形式，而是这种形式在你心中的象征意义的重要性。

如果每天穿 T 恤和拖鞋去上班，那么穿西装去上班的那天，是仪式感；可是反过来也行得通，如果每天都穿得西装革履，那么穿着 T 恤去上班的那天，就成了仪式感。

如果天天晚上熏香夜读，那么那个看电视的晚上就成了仪式感。

如果你每个月都举行一次盛大的婚礼，婚纱、香槟、马卡龙，那么背着行囊出门旅行的那个月，也就成了仪式感……

一个人的生活邋遢，那么精致就成了仪式感；一个人的生活苟且，那么苍凉的诗意就成了仪式感；而对于一个总是走在远方的人来说，城市的喧闹嘈杂就成了仪式感。

仪式感对于人生重要，并不是因为仪式感本身的行为，而是在执行这个程序的过程中，个体本身正在执着的心意。

我记得住在公司宿舍的那几年，每次出门旅行，我都会放一只用过但不洗的杯子在水池里。等我们旅行回来，让我看到

∅　这是我的地方，你看，还有我用过的杯子。许多年过去，我才明白，当初这么做，那是因为心中不安，这个地方毕竟不是我的。

这是一个现实的唯物主义世界，我们看到的，我们想到的，我们感觉到的，都不过是心的映射罢了。

生活中，我们缺的并不仅仅是仪式感，而是我们的心意。通过仪式感带来的神圣、精致、浪漫，并不是仪式赋予的，而是我们心中的敬意。

如果仅仅为了仪式感而仪式感，仪式感就变成了一个干巴巴的仪式，没有了内容的仪式，没有任何意义。

这是一个非常残酷的现实：仪式感拯救不了你病入膏肓的脆弱的生活，想要人生美好，那么先让自己的内心美好。

我们需要的不是仪式感，而是自己对内心的软弱的锤炼。

女人最愚蠢的励志，就是抛弃善良

法国人好像有一种"马拉喀什"的执念，这个城市名字出现在很多小说、歌曲和电影里，以至于在很长一段时间里，我都以为它才是摩洛哥的首都，所以我游览马拉喀什的时候，我预约了一整天的导游。

早上九点，司机 Saïd 先送我们去了马约尔花园，说："我现在去接导游，你们出来时发微信。"

马约尔花园就是伊夫圣罗兰的蓝色花园，种了一百多种奇异的仙人掌，到处都是翠竹，非常美。我们出来时已经快 11 点了。我发了微信，Saïd 说："导游过来接你们。"

等了一会儿，一个五十几岁，清瘦的女人走着导游专用的凌波微步，在满是行人的小街上，左躲右闪，但不失仪态地走了过来，问："卢先生，卢太太？"

她穿着长袖夹克外套和卡其布长裤，扎着已经灰白的长发。她是我这次在摩洛哥看到的，年龄最大的在街上不穿长袍不带头纱的阿拉伯女人。

要知道，长袍和头纱对于穆斯林女人来说，不仅是传统和文化，而且是原则和规矩。

她带我们穿过人群，边走边抱怨地说："我已经在车里等了一个小时了，这个司机真是菜鸟，这个点儿去老城，要排很久的队！"

终于上了车，她笑容可掬地自我介绍："我是 Nabila，在马拉喀什已经做了 26 年导游了。孩子们，我知道这个城市里所有公主和王子、天方夜谭的秘密哦！"孩子们开心地叫起来，气氛一下子就活跃了起来。

接着，Nabila 给我们讲了一些马拉喀什的历史和民俗，还穿插了几个小故事，清晰、准确，而且风趣。26 年的导游经验果然不是盖的，绝对够专业！

讲完也到了老城区，Nabila 说："我建议，我们先去参观传统集市和手工作坊，下午游客少些，我们再去景点参观，这样可以节省排队的时间。"

参观集市和作坊，就是去购物，但她说得很合情理，看看外面的大日头，我们也就同意了。她带我们去了天然香料店和羊毛地毯店。

羊毛地毯店很神奇，外面很普通，进去后，有几层楼那么高，空着的中庭，挂满了地毯。

老板特热情，让两个伙计打开了几十块地毯给我们看，可价格比我们之前看到的贵了四到五倍还不止。

我们什么也没买，不过 Nabila 态度很好，完全没有流露出失望的神态。所以，这并没有影响到大家的情绪，然后一起去吃午饭。

Nabila 吃得非常素，蔬菜沙拉和一杯鲜榨橙汁。我说："怪不得，你不但瘦，而且身轻如燕。"

在摩洛哥，中年以上的女人，因为常年不运动，并吃了太多浸满了蜂蜜和杏仁的甜食，常常胖到臃肿，连走路都困难。

她有点骄傲地说："我今年 52 岁了，很少吃甜食。每天带客人，至少要走八公里。"

Nabila 给我们讲，在她怀孕的时候，被村里另一个男人看到没有带头纱的样子，最终被自己丈夫抛弃了。她只能住在村外一间荒废的土屋里，即使母亲，也只能趁着天黑，来给她送点吃的。

没有人给她接生，是她自己生下了女儿。为了不让女儿饿死，她带着女儿，乞讨两个月，走到马拉喀什。

我真的无法想象，那居然是 1987 年的事。在马拉喀什超过 40℃的中午，我毛骨悚然地听着她的故事。

她没钱，没朋友，没家人，拼命工作，有时甚至要跟流浪猫抢夺垃圾。

那时候，导游收入高，10 法郎的小费，就能抵得上她在饭店厨房打杂一周的工资。但 26 年前，一个女人抛头露面，做要和陌生男人讲话的导游职业，很容易引起非议。

在她开始做导游的时候，人们冷落她，诽谤她，说她是妓女，一路睡过来的。作为一个女人，为了活下去，有再多的委

∅　屈，也只能忍下去……

　　现在，她不仅业务水平超高，有专业的导游资质证，而且接待过很多高端的客人，甚至政界要人。

　　最让她骄傲的是，她的女儿 32 岁了，法国留学回来，成了正式挂牌的医生，这才是对她人生最大的回馈。而这些都是她一辈子，一步步，跪着乞讨着，爬出来的。

　　现在只要她和女儿一起回到她们原来的小村子，全村人都来求她女儿看病，平常也会给她家人送礼物。

　　她说这话的时候，紧张的表情放松了下来，眉毛扬起来，有一种欣欣然的舒适。我终于懂了，为什么我们有个成语叫作"扬眉吐气"。

　　她看着我说："太太，你知道吗？在这里，女人如尘土般的不值钱，然而作为女人，最可怕的并不是世界对你的嫌弃，而是自己对自己的放弃。其实只要努力抗争，即使一无所有，也总有个门，让你走出去！"

　　Nabila 讲得很平静且从容，但在她的平静之下，我能感受到曾经那些过不去的绝望与痛苦。

　　她在我的眼前，渐渐地泛起光来，是一种有高级感的哑光，因为她那些苦难与血痕，被慢慢地风干、沉淀，变成了披在身上的战袍，有一种令人尊重的价值。

　　吃完饭，Nabila 带我们去参观。她不仅讲解得非常专业，而且对宫殿里的一切都了如指掌。其间，我想去洗手间，但人很多需要排队，她立刻带我去了另一边没有标识的洗手间，没有人。

在充满异国风情的宫殿里参观，我们迷恋着整面马赛克墙壁，各种小型喷泉和挂满了橙子和柠檬的庭院。

可每次 Nabila 讲完之后，就催着我们快走，且十分笃定地说："太阳太大了，孩子要中暑了，最精妙的地方，我都讲了，你们不会有遗憾。"

她言语很强势，不容商量，生活已经把她锻铸成一块实心带刺的钢，一定要跟着她的脚步，服从她的指令。

于是，我们跟着她走马观花，很快地参观完了两个最主要的景点，然后 Nabila 说："孩子们累了，与其再参观这些大同小异的景点，不如去参观一下皮具作坊或者陶瓷馆？"

孩子们都还好，正在广场上满地跑。我和卢先生商量了一下，我们不想去购物，要说继续参观，Nabila 一定催得更紧，不会尽兴。我们说："要不今天就到这里吧！"

我小声给卢先生说："给 100 迪拉姆小费吧。"

那时候才下午三点多，我们觉得，工作了不到四个小时，还包括一个小时购物，一小时吃饭，这天的工作对 Nabila 来说相当轻松，她应该很开心吧？

卢先生拿了 500 迪拉姆给 Nabila，大约等于 400 元。

可 Nabila 说："不对。"她是每两个小时 400 迪拉姆，加上她在车里等我们的一小时，我们要付 1200 迪拉姆，大约1000 元。

我曾经查过，在摩洛哥，对法语导游来说400迪拉姆一天已经是不错的价格。看到我们惊讶的表情，Nabila可能也觉得有点过分，说："等你们的那个小时不算，800迪拉姆吧！"

　　她是包车公司订的，我们给包车老板打电话，他立刻就炸了，我把电话给Nabila。他们说了很久，最后Nabila走过来说："你们按照400迪拉姆付，剩下的包车公司会补给我。"她说这话的时候，使劲扬着头，仿佛是赢了一场战争。

　　卢先生给了她400迪拉姆，看了看我，还是把100迪拉姆的小费也给了她。我们就地分手，此生不会再见。

　　上了车，司机Saïd一个劲地跟我们道歉。他告诉我们说，这是他们的第一次合作，也是最后一次。

　　有时候游客自己谈价格，导游会玩猫腻，把日薪变成时薪。可是跟同行定价格再变卦，他们也是第一次遇到。这是一种侮辱，他们会告诉所有的同行。

　　我问："那你们老板会给她400迪拉姆吗？"

　　Saïd说："怎么会呢？"

　　卢先生说："Nabila最后变卦，估计是我们没有购物，没拿到回扣。"

　　在地毯店，卢先生走在最后面，地毯店老板拉住他，递了张名片，压低声音说："别人导游都拿30迪拉姆，你家导游要拿60迪拉姆，有更好看的，等一下回来，我们重新谈价钱。"

　　Saïd告诉我们，在等我们那个小时里，Nabila也给他讲了她的故事。

在欧洲生活过 14 年的 Saïd 说："虽然我是摩洛哥男人，我承认她真的很苦。就算她是个不幸的女人，可规矩就是规矩。在做个女人之前，你总要先学会做人！"

车开在阿特拉斯山脉上，飘着朵朵的白云。风景如画，我却一直在想着 Nabila 的故事。

这个矛盾且滑稽的故事，却让人性悲凉到极致。

我不知道她究竟吃了多少苦，才从自己的无底洞里，如蠕虫一样爬出来，巴巴地守着自己的利益，忘记了自己还有做人的权利。

我们总是说，你最弱的时候，坏人最多。每个人都要强大起来，练出一个重重尖锐的外壳，不停地斗争，才能继续活下去。

然而，有多少人打着打着，连心都固化成了一整块带刺的实心铸铁？已经忘记了什么叫作善良，什么叫柔软？

"作为女人，最可怕并不是世界对你的嫌弃，而是自己对自己的放弃。" Nabila 自己说的一句话，有多讽刺？

在浮躁的人生中，苦难总会褪去，请一定要相信善良的力量，这才是救赎一生的钥匙，它能让我们扬眉吐气地走下去。

世界上很少有那个你认为对的人

　　我们在国内的时候，就已经知道马克和薇安分手了。万里之外，我当时说："也好，与其被锁在死胡同里团团撞墙，不如各走各路，各自幸福。"

　　然而回到法国，往日朋友的聚会，过去是一对的还是一对，过去是单身的还是单身，然而马克是自己来的，斜背着他那件旧旧的沉重无比的机车皮衣。

　　我见了他，眼眶有点酸，几许枉然的伤感，差点问出"薇安在哪里？"这种白痴问题。

　　马克是我见的卢中瀚的第一个朋友。

　　我刚和卢中瀚在一起，来巴黎的时候，卢中瀚去里昂站接我时说："走，我带你去见一个人。"

　　晚上十点半，我们到了马克家，薇安也在。那时候他们刚刚在一起没多久，仅仅比我们在一起早了几个月。薇安无比热情地接待了我，跟我说了一篓子的话，恨不得把我从地下翻到地上，将我每个汗毛都打听清楚，而马克却一直坐在沙发里，饶有兴趣地观察着我，不过我能感觉到他的善意。

从此，在我的人生中，有很多和他们连在一起的片段。在我心中，他们不仅仅是朋友，更是我们生活在巴黎这个都市的家人和精神慰藉。

我们在一起，不仅仅是帮助和安慰，还有很多的时候，开怀大笑，欢乐无比。当然也有吹胡子瞪眼，拍桌子讲理的时候，不过更多的时候，我们在一起就是为了在一起，少一个就觉得世界缺了一个角，总要四个人都在，才觉得安心。

从那时开始，我和卢中瀚修好了他的破房子，结了婚，生了思迪，搬到国内，又生了子觅。

世界上长得最快的就是孩子，现在思迪马上就 8 岁了，子觅 5 岁了。子觅还可以继续抓着马克的胡子叫他"圣诞老人"，而思迪却已经抱着肩膀，一脸不屑地说："圣诞老人是不存在的。"

然而，马克和薇安一直在原地打转，吵吵闹闹，分分合合，然而这一次却真的分手了，真的。

我给薇安打了电话，她接到电话兴奋地叫起来。

她还是和过去一样热情洋溢，她买了房子，邀请我们去作客。我们去了薇安的家，新的区，新的房子，她买的是底楼，有两百平方米的花园。花园里的野草长得疯狂，薇安有些尴尬地说："你们知道女人和除草机总有点不搭。"

就算是新房子，也会有些这样那样的细节问题。卢中瀚立马挽了袖子，开始调整有点斜的橱柜门，以及那些接触不良的电视线。

我和薇安一起斜躺在沙发上，看孩子们的照片和录像。当年我们曾经说过，让我们的孩子在一起玩。

法国的天蓝得令人炫目，我们在花园里面吃午饭。摆餐具的时候，只有三个人，当年的感觉又回来，少了一个人，心不安。

在薇安去厨房的时候，我坐在凳子上望着她乱七八糟的花园发呆。春天的时候，她种了一棵樱桃树，没几片叶子，长得极为瘦弱，也不知道是死了还是在假装晕眩。

卢中瀚感到了我的伤感，伸手抓住我的手，我长叹一口气："这么好的房子，这么好的两个人，为什么明明相爱，可就是不能在一起？"

吃完饭，卢中瀚去看薇安那台时常发出奇怪声音的车，我们待在花园里面喝茶。我小心翼翼地说："我们前天见了马克，他还老样子，也还单身……"

薇安摇摇头："已经过去了，爱还在，可伤得太深。我们和你们不一样，我们都不是那个对的人。"

从南极到北极，从地球到月球，距离再远，道路再艰难，只要迈开腿，也总有走到的那一天。可是这世界上，最远的其实是每个人的心，纵使两个人面对面，双手紧握一起，心不在一起手还是会松开。

说到底，让我们不幸福的终极元凶，根本就是我们自己，太过计较得失，让我们失去抓住幸福的能力。

我相信每个人都听过类似这样的故事：

上帝是一个顽皮的孩子，没事的时候，会偷偷地溜进堆满了瓷器的库房里，往地下扔瓶子，每个瓶子摔到地下，都裂成了两半，一个小男生和一个小女生。

这本来是一个充满正能量的故事，本意是在告诉我们，在这个世界上，只要有我，就一定有我的另一半儿；只要能找到那个对的人，我们能够凹凹凸凸，严丝合缝，然后生活就只剩下幸福。

事实上，这是一个带有欺骗性的故事，在不知不觉中麻痹了我们的神经。

这个故事的欺骗性在于它迎合了人类骨子里面的懒惰和放任，它让我们以为，我们现在种种不合心意的痛苦根源，都是因为没有找到那个对的人。

如果找到了那个举世唯一对的人，一切都应该轻而易举地迎刃而解，势如破竹。既然是天作之合，那就应该没有痛苦，更不需要努力、磨合、让步和妥协。

人海茫茫，没有人知道那个对的人到底长什么样子？到底藏在哪里？我们漫无目的地寻找，四处乱撞。一次一次的尝试，一次一次的失望，他、他、他……他们都不是对的人。

"我的意中人是个盖世英雄，有一天他会踩着七色云彩来娶我"，这成了存在自己意念里的一个幻想。当我们不再相信神话的时候，在三更夜醒，冷月漫过床头的时候，自己说给自己听。

法国真的是一个怀旧的好地方，七年过去，没有什么变化。

　　我和卢中瀚去了当年常去的一家餐厅吃饭，坐在过去常坐的桌子旁，点了当年喜欢吃的菜，甚至那个胖胖的黑人领班人还在，而且居然连皱纹都没有多长一根。

　　在时光里面，唯一变化的是我们两个人，我胖了十几斤，卢中瀚的发际线退后了足有两厘米。我们面对面坐着，时光流转，相对无言。

　　是开胃酒，打破了我们的沉默。我们碰了碰杯，为了这十几年的时光。

　　我笑着说："如果我们现在没有孩子，没有房子，没有这些年的争吵纠纷，没有对彼此的怨恨和憎恶，在接下来的许多年，你还愿意和我在一起吗？"

　　他想了想说："这个问题应该这么问，如果在当年我们知道在接下来的人生中，我们会产生如此大的分歧、争吵、伤害和憎恶，你是否还会选择和我在一起呢？"

　　时间不能倒流，在开始的时候，没有人能够知道后续。我们唯一可以确认的是，这个世界上几乎不存在一下子就能够严丝合缝完全对得上的那个人。

　　今天的地球上住着七十几亿人，当然我们并不可能适合任何一个人，但是有潜在可能对的人，总有几千、几万，甚至几十万，绝对不是唯一，从来也不是唯一的。

　　如果这个世界上的确真的存在着那个唯一对的人，那一定是经过了数十年的努力和沉淀，经过无穷尽的磨合与妥协，一捧血一把泪，硬生生地把我们磨成彼此的唯一。

在很多时候，选择了这个人，就错过了另外一条路上的风景。但若是心中恋念着错过的风景，势必也要错失眼前的真情。

临走的时候，我对薇安说：

汉语中一个院子加一棵树的意思是"困"，再种一棵苹果树吧，破掉心中被困住的桎梏。

作为爱你的朋友，我想说重要的不是找不找得到那个对的人，重要的是破除自己的困境。

关于人生，这一路走来，怎么走都是错的，但是在千错万错之间，停在原地，止步不前，才是最大的错误。

姑娘，低低头，皇冠也不会掉

我和朋友去吃饭，记错地方了，下了车要走一段。路过国美电器在促销，门口铺着红地毯，一堆人在发广告。我们一人牵着两个孩子，就想怎么从这个混乱的局面里逃过去。

突然，我朋友大喊："雯佳，真的是你吗？"

我转头，一个穿着国玫红 T 恤的促销大姐，五十几岁，素颜，有法令纹，眉眼中藏着戾气。朋友仿佛捡到宝贝一样回头冲着我喊："这是李雯佳，是我的发小，从小的发小。"

看样子她们已经很久没有见面了，朋友的兴奋溢于言表，也顾不得人多拽着孩子，就是扑过去拉着李雯佳的手不放。

我拉着四个孩子走到人圈外，等她说完走过来，一脸感叹："原来她也来了上海。"

到了预定好的餐厅点菜。从遇见雯佳开始，朋友就心不在焉地一个劲儿感叹，我问她吃什么，她居然说："你看着办，随便。"

等着上菜的工夫，她跟竹筒里倒豆子一样，噼里啪啦地给我讲雯佳的故事，让我也很感叹。

朋友和雯佳从小就是邻居，两个人同年，雯佳还比她小四个月。

我听了之后大惊："她比你小？她看起来已经有 50 了。"

朋友摇头："她今年才 43。"

雯佳父母一直要不上孩子，治了很久，才怀上雯佳。雯佳生来就漂亮，又聪明，学习也好，真可谓是父母的掌上明珠。20 世纪 80 年代的时候，大家生活都很淳朴的时候，雯佳就被送去弹钢琴，跳芭蕾舞。

在朋友的印象中，雯佳就是公主，"冰山公主"。冷冷的，高贵而高傲，谁也不理。

上了高中之后，雯佳从班上的第一名慢慢地滑下来。高二分文理，老师建议雯佳去文科班。她坚决不肯，一定要学理。考上的是一本大学，但是读的是个大专。

年轻的女生，漂亮起来藏也藏不住。雯佳一进大学，就被隔壁系的一个学长看中了，一见钟情，拼命追求。

送花、送水、送饭、送礼物，春夏秋冬都在女生宿舍门口站岗。雯佳一直冷冷的，没有给过他好脸色。这个故事，有点像周瑜打黄盖，一个愿打一个愿挨。

其实，雯佳早就喜欢学长，但是妈妈说："女孩子要矜持，男人才会尊重。"

大学毕业后，学长别出心裁地组织了一个盛大的求婚仪式，大家都打赌雯佳不会同意，觉得雯佳根本不喜欢学长。没有想到人群中的雯佳，冷冷地点了一下头竟然答应了，虽然感觉有些勉为其难，但其实她回到宿舍半夜都在偷偷乐。

婚礼定在五星级酒店，满地都是荷兰香水百合配粉色玫瑰，梦幻正如童话里面的结局：公主和王子终于幸福地生活在一起。

学长进了外企，西装革履，金丝眼镜，讲混着英文词的中文，一副白领精英的样子，风生水起。

而雯佳工作一直不顺利。不是女同事排挤她，就是男上司骚扰她。后来雯佳怀孕了。怀孕之后，就没有再去工作了。

不工作也没关系，二线城市，本来消费不高，两家老人都在本地，房子结婚的时候就置办下了，儿子生出来，婆家一个月，娘家一个月。

雯佳从公主变成了少奶奶，顺便化身心理医生，以一个婚姻幸福女人的态度，给闺蜜出主意。

雯佳有个名句叫作：女人是公主，要捧着哄。男人是公猪，要盯着管。

雯佳管老公：不能抽烟，不能喝酒，随身带的钱不能超过50元，回家不能迟到半小时。出差要每小时报备，应酬必须要在晚上十一点前回家……

如果犯了她制定的规矩，道歉认错之外，再写1500字的检讨，而且是楷书。

有一次闺蜜质疑："这都什么年代了，还写检讨？"

雯佳白她一眼："下次有问题，你把检讨直接摔到他脸上，看他还敢不敢。"

闺蜜感叹："如果是我家那位，他早就反了天。"

不用雯佳，自有闺蜜替她说："你怎么能跟雯佳比？当年雯佳老公怎么追到她的，那么难得，自然珍惜。"

雯佳点头笑："我嫁他，那叫下嫁。他得好生伺候着。"

有句话，我不太同意："爱情是一场战争，先爱上对方的人，就输了。"

爱情怎么能是一场战争呢？

如果爱情真的是一场战争，那么婚姻就是一场加时赛，全部清零，重新给足了机会，让输了的人能够反败为赢。

后来，学长的公司新来了一个财务总监，是个离了婚的女人。学长是技术总监，常有些工作一起处理。

偶然，雯佳看到学长手机上有个短信："你在哪儿？我在楼下咖啡厅等你。"

学长坚决不承认和财务总监有私情，他的解释是："她刚到公司，总得要发展些盟友吧！"

雯佳暴怒："那她就发展你？你们准备在床上盟，还是沙发上盟？"

学长说："你从来都没有上过班，你怎么知道职场的道理？"

吵了一整夜，学长拖着箱子，拂袖而去："我去出差。"
从此人影不见，电话不接。

雯佳在家气得恨不得撞墙，最后她干脆跑到公司去找财务总监。又哭又闹直到美方总经理出面，才把局面遏制住，让人事经理把雯佳送回去。

第七天，学长回了家。拉开门，整个房子一片狼藉，雯佳披头散发坐在一堆烂垃圾里面，两眼浮肿，整个人像是一颗烂掉的桃子。

学长说："雯佳，事到如今，我们离婚吧！你跟了我这么多年，你没有经济收入，我净身出户，孩子、房子、存款，所有的都归你。"

其实在这些天里，当雯佳独自待在黑暗的房间，她思前想后，她也后悔不问青红皂白地就闹到他公司；她也觉得这些年对他的苛刻有些过分，她本来是打算等他回来，他们可以好好谈一下，彼此谅解，重新开始的。

她从来都没有说过，但是她爱他，她早就爱他，她一直都爱他。

她本来以为，以她公主的身份，只要给他个好脸，这个男人一定会马上五体投地地匍匐在她的脚跟前。

没想到这个男人居然这么跟她说话，居然？

她一跃地跳起来大吼道："你想得美，让我给你养着儿子，你出去找小三。我不工作，那是我为这个家，我牺牲我自己。我才不要你的臭钱，孩子、房子、存款，所有的都归你，我净身出户。"

说完她背过脸去不再看他。学长站了很久，颤声说："雯佳，你再考虑一下。"

雯佳头也不回地说："不用考虑了，周一八点，法院门口见。"

他们从法院出来，雯佳扭头就走，学长追上来，颤声说："雯佳，夫妻一场，我劝你，女人不能太要强……"

学长没有说完，雯佳像扫垃圾一样，推开他："你是谁呀？再骚扰我，我打110。"

雯佳离婚后，搬回了娘家，开始找工作。

可是这么多年没有工作了，没有经验，没有技术，专业也都荒废了。

开始朋友们都很同情她，一个被老公出轨而离了婚的女人，很可怜。有帮她介绍工作的，还有介绍老公的。

可是雯佳的个性实在是太要强，还眼高手低，工作不了太久，就和身边的人产生矛盾。父母再宠爱她，但是对她如此冲动的离婚，也颇有微词。

离了婚的日子，雯佳过得不太好，沧桑不已，原来岁月早就让她变成了一个一无所长的中年妇女。

最初的时候，夜深睡不着的时候，她总还恍恍惚惚地怀疑，这究竟是不是一场梦？

她也曾经梦见过学长来找她，这一次她温柔似水，一家三口幸福地生活在一起。可是梦醒了之后，却是沧海难为水。

她逐渐切断了和所有人的联系。一次和母亲大吵之后，她离家出走，39岁的女人离家出走，不知道去了哪里。

有句俗话说：不蒸馒头争口气。这句话的本意是指做人要有骨气，可是事实上，很多人一辈子就毁在这口气上面。

我常常听到女人们带着自豪的神情说：

"吵了架，我从来不先开口，都是等他哄我。"

"你是男人，你就该大度，你就该认错。"

要强的女人和独立的女人的意思是完全不同的。

一个独立的女人是不依附，不隶属，依靠自己的能力去生活。

一个要强的女人是好胜心强，不肯落在别人后面，永远在攀比。

有人说："别低头，皇冠会掉。"

前提是你要先有一顶皇冠。如果这顶皇冠是你的，就算真的掉了，捡起再带上也没有什么好丢人的。

其实，在婚姻中，哪里有什么对对错错，只不过是勺子碰锅沿，得过且过。

如果你真的一定要说，爱情是一场战争，婚姻更是一场战争。

那么有十年婚龄的我就告诉你：

无论是男神，还是渣男，从他成了你老公的那一天起，他就不再是在对面的战壕里，要拼个你死我活的死敌。他已经改变阵线投降了，请参照国际俘虏待遇处理。

姑娘，低一低头，皇冠不会掉。两个人好好在一起，别人才没有机会潮笑。

198

不要因为自己假想出来的所谓的"高傲"，和自己过不去。

面子是给别人看的，日子是用来自己过的。

吵吵闹闹，恩恩爱爱，甜甜蜜蜜。

吃亏不是福，而是蚀心的蛀虫

我妈来上海小住。

从家乐福回来，一头扎进厨房，跟胡伯伯说："气死我了，人好多，终于排到我了，有一个大小伙子一下子就插到我前面。年轻人事多要工作，跟我说一句，我这老太太还能不让吗？一句也不说还推我。可是咱这么一个老太太，怎么能跟大小伙子讲理？可真是气死我了……"

我妈从年轻时就是鼻子特灵耳朵不行，常常她觉得自己在轻声细语地讲私房话，其实满屋子的人都听得见。

我在客厅里听得真真的，火腾得就起来了。就是因为爱，因为在乎，看不得他们在外面受一点点的委屈。

我噌地站起来想去找我妈，幸好我家客厅走廊很狭长，走到一半，长吸了一口气，又返回来坐了下来，心中大叫："镇定。"

反正那个没教养的人已经找不到了，我妈本来就胸闷，再被我火气冲天地教训一顿，我岂不成了帮凶？

从小到大，我妈嘱咐我最多的就是：遇上事，不要争，吃亏是福。

长大成人，我妈最让我火冒三丈的就是：息事宁人，怒其不争。

吃亏是福？

据说是一种俗人不能及的境界。化羽成仙，不气不恼，不疼不痒，逍遥自在。

吃亏是福？

就我等俗人来说，吃了亏，必是要气愤恼怒，难道还要活活地吞下去，面带微笑地谢主隆恩？这得多窝心！

吃亏是福？

要我说，这只是自欺欺人的自我麻痹。吃下去的那些大大小小的亏，根本不是福，而是大大小小蚀心的蛀虫。

法国超市的收银台不多，常常要等很久，为了节省时间，常常几个人去购物，一个人先去排队。快排到了，其他几个拿着东西过去，直接交钱。

一次我和两个朋友买好东西，都穿过整个商业购物中心了，在大门口道别的时候，有一个老太太从后面追了过来，严肃地告诉我们："小姐们，你们的排队方式也许在你们的国家里面行得通，可是在这里行不通。"

当头棒喝，把我们两个晾在当场，涨红了脸讲不出话来。老人讲完话，提着她买的一包东西，慢慢地走了。

我们看着她远离，夕阳下，白发苍苍，瘦小佝偻，可是一点儿也没有让我们觉得，人老体弱好欺负，反而因为严厉的呵斥让我们心生敬畏。

她能追上我们训斥一句，估计堵在心里的闷气，也就散很多了。

而我们因为她的呵斥，一辈子都明白了一个应该遵守的规矩。

从此去超市，我再也没有提前去排过队。偶然发现某个东西忘记拿了，我会跟后面的人说："对不起，我忘了个东西，拿一下，马上就回。如果收银台空出来了，您就先请。"

我这样说，后面的人都会笑着说："没关系，我等你。"还有更体贴的会说："我帮你慢慢往前推车子，快点去吧。"

大家莞尔一笑，世界多么美好。

在大多数时候，当我们觉得是个亏，需要咽下去的时候，其实我们已经自我认定我们是弱势的一方，没有能力，也不敢直接出击。

几千年的等级制度，让普通老百姓自知自觉地把自己归为弱势的一方。我们已经忘记了，在世界上的任何一个地方，替天行道主持正义的时候，正义是一种气场，让我们高大无比。

我去查了一下字典。字典上，吃亏的意思是"受到损失"。

为什么受到损失会和"福"联系起来？

这是一个非常中国的观念。我曾经试图解释给几个外国人听，说了很久，还是鸡同鸭讲，他们完全听不明白。

到底什么才是"吃亏是福"？

202

新来公司积极给大家端茶倒水，擦桌子跑腿儿？

就算知道没有可能，还是咬着牙把钱借给朋友？

合伙做生意，自己拿小头，大头让给对方？

吃亏是福，其实还有下句："吃小亏，占大便宜。"

原来在这里，世界上最聪明最精于算计的中国人，一举一动都是大智若愚。吃亏不过是一个小小的诱饵，而且人人都在计算着后面的大便宜。

步步设计，犹如下棋。走这步，划出了这条路，就等你朝我指引的路走下去。

可是你冰雪聪明，难道我就傻吗？

有目的的贪欲其实就是一个明摆在那里的弱点，常常被段位高的大鱼吃了诱饵甩掉了钩，于是我们常常吃亏，常常占不到便宜。

端茶倒水的，并没有混到好人缘，打杂成了分内的工作。

把钱借给朋友的，总是人财两失，得不偿失。

做生意，自己拿小头，那是因为自己根本没有拿大头的实力和资源。

"吃亏是福"，其实说起来全是无奈。

吃亏从来都不是福，亏从来都不好吃。横着脖子硬硬的吃，咽下去的都是委屈。

两个平常的真实故事。

第一个。

有位叔叔是个出了名手巧的木匠。农闲的时候，常有乡亲叫他去打家具。家具打完，招待顿酒菜，工钱欠着，日后必还。

有一年，他家出了点儿事急着用钱。翻出旧本子，厚着老脸，挨家挨户去要账。欠债还钱，大多数人虽然有点尴尬，但还是都还上了钱，单有一家并不特别穷困的远房亲戚欠着，拖着就是不给钱。

婶子忍不住，吵上门去，一通理论，亲戚把钱还了，恩断义绝，永无瓜葛。

叔叔生气，骂婶子："吃亏是福，现在亲戚都没得做，这在村子里面怎么抬得起头？"

第二个。

我的作家弟弟徐沪生，他的第一本书再版三回，卖掉五万多册。对于新人真的是非常可喜的成绩。可是他一点也不高兴。出版社隐瞒销售量，拿不到再版的版税，让辞职以写字为生的他非常气愤，所有的人都语重心长地劝他息事宁人：

算了吧！第一本书全当是个提醒。

算了吧！你这么年轻，吃点亏，不算什么，吃亏是福。

算了吧，出版圈水太深，和出版社闹翻了，谁还敢给你出下一本书？

我们的社会是集体主义，但若提及自己，必然成了被唾弃的利己的自私主义。可是事实上，当自己都放弃为自己争取权益，别人谁有责任有义务帮助你呢？

后来：

　　叔叔虽然失去了一门远房亲戚，但是从第二年开始，找他打家具的人，都是完了工就给钱，不再拖欠。

　　徐沪生通过律师帮自己要到所有的加印的版税，换了更大的出版社，又出了两本书。最新上市的那本《总有些路要独自行走》，还挤进热销榜。

　　人生这么长，吃亏不是问题。永远不吃亏的人是不存在的。每个人都会常常吃亏，也会常常占便宜。没有一个公式可以计算出吃亏和占便宜的比例，从而算出到底有多少回报率。

　　人生这么长，那些事事总觉得自己吃亏，那些事事都在计算吃多少亏可以占到多少便宜的人，才有问题。

　　自认吃亏，第一就是自己已经把自己放在弱势的地位上。

　　自认吃亏，第二就是事发当时，自己已经无力争取。

　　自认吃亏，第三就是自我麻痹，幻想换取更大的便宜。

　　可是自认吃亏，无论是否能够得到期望的利益，弥补自己的损失之前总是委屈。大损失小损失，只要是损失，都是会引起心理的不平衡，对自己的心灵产生不同程度的伤害。

　　吃亏就是吃亏，和今后能不能占到便宜没有什么关系。

　　如果端茶倒水可以混个好人缘，端茶倒水就是好人缘的有效投资。

　　如果借钱给朋友，可以找到莫逆之交，打了水漂的钱就是一个合理投资。

　　如果生意分成，拿小头可以使财源广进，让出去的大头更是一个高回报的投资。

这个世界上没有平白无故的爱，没有平白无故的利益。就算天上掉金子正砸在我头上，代价就算不是被砸死也得受伤。

有付出才有回报，想要回报请先付出。付出是有目的，有计划，光明正大，理智投入。既然投资必有赢输，这是游戏规则，那么下场之前，请人人谨记。

人生干吗老要算计能不能占到别人的便宜？

占便宜都是要用不正当的手段，得到非分的好处。

吃亏和占便宜这套理论，把付出和回报，好好的光明正大的人生努力，变得憋憋屈屈，鬼鬼祟祟，偷偷摸摸，猥琐不堪。

不要再用"吃亏是福"这种话来麻痹自己。因为吃下去的所有的亏，不会变成福，也不会带来便宜。

给自己一个底线，能吐出来的亏，就别咽下去。

那些无可避免，无法挽回的亏，梗着脖子咽下去的时候，要好好分析，总结经验，调整方向，争取下次不再出现，这叫作"吃一堑长一智"。

该出汗的时候出汗，该出力的时候出力，该拼命的时候拼命，该承受委屈就承受委屈，认真做好自己，拿自己该拿的部分，心安理得。

自己的福，不是吃来的，是自己努力挣来的。

第七章

手中的牌都是一次性的，
就看你怎么打

越富越省：一种惯性下的穷病

　　几个月前，有个国外歌星来上海开演唱会，我有个外国朋友搞不定订票网站，就托我帮她订票。

　　我在网上找了卖家，卖家说这个歌星在国内不是特别有名，目前票价在跌。780 元的门票 580 元可以买到，朋友一听立马付了钱，让我催卖家出票，早定早有个好位置。

　　卖家说，操作不是这样子的。这种跌价的票，要等到最后几天，根据情况才编排座位。当然，只要钱付了，定下来的区域是不会变的。

　　我跟朋友一说，她马上说："我还是要 780 元的，但我要现在就出票。"

　　要我说，在同一个区，能差多少呢，一家四口差 800 块呢。

　　朋友说："等到最后才出的票，一定是同一个区里最不好的位置。看演唱会，本身就是个娱乐。我本来已经计划买 780 元的票了，如果能享受折扣，那是意外惊喜；享受不到折扣，那我也没损失什么。可为了这突如其来的 200 元折扣，失掉了现在能买到的好位置，那我不是便宜了800元，而是浪费掉了2320元啊！"

逆向思辨，是法国国民教育的基础。她这么跟我一说，我也真心觉得有理。

我们一共8个人，都付了钱，要求立即出票。

看到我们这么"不差钱"，卖家觉得有必要巩固一下客户关系。他说，我一定帮你们出最好的位置，然后再次跟我说："下次再买票，一定要来找我哦。"

等真的到了现场，才发现，我们的位置超好。

正对着舞台中间垫高起来的第一排，视线无遮拦，清楚得不能再清楚。那个晚上，大家都嗨到不行，那种爆炸上天的快乐，一定能被记住很多年。

当时我就在想，这真是一个赤裸裸的消费观问题。

如果原本的预算是580元，为了更好的视野和体验，多加200元，买了780元的票，那是你追求更加精致的生活而选择的消费升级。

可原本已经预计买780元的门票，大多数人一旦发现有580元的门票，就不会再选择780元，然而却忘记了全价票附着的立刻出票、位置可选的安全舒适感。这算什么呢？盲目地被降级？

曾经有一次，我喜欢一条蓝色的裙子，等到打折时，发现只剩下红色的了。我自己跟自己说："一切都是最好的选择。"

的确，红色也是好看的，可这个选择是被动的，并不是自己的第一选择。

人们总是从自己的角度，去计算金钱和利益，希望能够获取最大的好处。

可这个世界上根本没有免费的东西，所有的东西都是有价格的，只不过每个商品的价格，都是被分成两个部分：肉眼可见和肉眼不可见，但却都可以体验到。

对我来说，购物和消费是两种不同的概念。

所谓购物，就是把钱换成可以抱回家的实物，可以用，也可以等着升值。然而，消费却是把钱或其他资源花掉，花掉之后不能再生，因为消费就是一种体验，目的是让生活舒适。

在今天这个商业社会中，为了刺激自己的欲望和保持前进的力量，我们总在说，要给自己限定一个目标，譬如说要买点贵的东西，可以促使你奋勇向前。

然而事实上，贫穷的意思不是没钱，有钱也不代表着富有。十几年前，那些砸锅卖铁，凑齐了首付的人，只能说明经济头脑的预测性，这和格局和阶级无关。

春节前，我给一个朋友寄了一箱橘子，中间朋友又出差，等我们意识到橘子没有收到的时候，已经过了十天了。我们去查了物流，才发现门牌号写错了，送到邻居家了。

邻居太太发现吃错了橘子，过意不去，送了一瓶波尔多红酒赔罪。一箱橘子换一瓶波尔多红酒也太多了，朋友觉得过意不去，请邻居来喝下午茶。

周六，邻居和邻居太太提着点心，来喝下午茶，进门刚坐下，邻居太太脱口而出："你家好舒服，真暖和。"

我朋友愣了一下说："我们开了空调和地暖。"他们是同一栋楼里面，结构完全一样的两个单元，地暖是小区配的不是自己装的。

邻居先生有点搪塞地说："我家地暖好像坏了。"然后他们就开始说别的事情，很真心地请教，他们已经在伦敦买了房子，现在又对巴黎的房产很感兴趣。

因为门对着门，他们熟悉起来，偶然会聊个天，相互借用个东西。

事实上，邻居家的冷根本不是因为地暖坏了，阴冷潮湿的上海的冬天，他们家永远比室外还冷，每次去敲门，邻居太太总是里三层外三层穿得像个粽子，有时干脆披着被子。

所以，每次要去邻居家，我朋友第一反应就是穿滑雪外套。久而久之，如果需要聊几句，大家都会来她家，因为她家温暖而舒适。

房子买了是可以升值的，就算贬值了，总还有个房子。

红酒和点心买了送人，不仅有面子，而且可以吃，可空调电费是天天消耗的，花了就没有了，有的仅仅不过是当时的一点温暖和舒适。

同理，其实我也不太能理解，那些咬牙或者不用咬牙都买了最新的 Iphone 手机的人，为什么坐下还没点菜，就先问：

**有实力，
才有底气**

ø   "WI-FI 密码多少啊？"

这个世界上，只有更贵没有最贵的消费，根据每个人拥有的财富，每个人都有一个消费的范围。

每个人都能够咬牙去购买一个或者几个超出自己消费范围的东西，也许是房子、名牌包、车或者手表，以借此证明自己的能力，可是事实上，每个人的消费能力，总是在自己的消费范围中，才体现得更加明显。

有的人喜欢吃人均上千的法国大餐，有的人喜欢吃人均20元的街头小面，这是同样享受的事情，因为带来的是同样满足的体验。

可是让喜欢吃大餐的去吃小面，会委屈得难以下咽；让喜欢吃小面的去吃大餐，会心疼得难以下咽。这是同样冒傻气的事情，因为带来的是同样可怕的体验。

我们活在一个现实的社会中，每个人都对贫穷有一种厌恶和恐惧，都希望捂着鼻子快快走，绕过这个区域，尤其是那些刚刚脱贫的人。

每个人都对富有有一种发自内心的崇拜和向往，都希望自己能够攀升阶级，穿着正装吃西餐，人五人六的体面。

事实上，阶级和财富本身的关系，并没有我们想得那么显而易见。事实上，在越来越细分和复杂化的社会中，阶级本身的定义，模糊且含糊，没有一切两段的裂纹感。

212

中产阶级所有的焦虑和恐惧，最重要的来源是出于对于自身失重的无力感。只要有人的地方，就有歧视链。

可是任何的歧视、攀比、踩踏，都是有射程的，超过射程之外，就变成了无与伦比的可怜。

尤其是生活在已经超越温饱的城市里，中产还是非中产，中产还是精英，人的生活质量观念，是一个人的消费观。

是被动、被影响性消费，还是主动、体验性消费？在消费中，谁是主角？自己还是金钱？

钱是赚不完的，钱也是花不完的，可人生却是有限的。

在消费参数中，你最重要的分母是自己的人生时间，而不是自己的钱，如果明白这些，那么恭喜，你已经成功晋级。

原来，越富越省是一种惯性下的穷病！在大多数情况下，和拥有的钱的数量，没有关系。

你缺的不是钱，是深度的亲密

我这个天天待在家里的人，最近突然事赶事了，连续几周，南方北方的飞，一个人看了几轮樱花满树，所以感觉这个春天真的有点儿长。

我是个没品的电视迷，只要有个开着屏幕的电视在眼前，就会犹如一棵空心菜，没心没肺地看下去。我发现几个航班都在放一人食的美食节目。

一个人一间屋一只猫，一张桌子，一人份的砂锅，一人份的食材，一只碗，一双筷子，一只杯子，一个人慢慢地煮好，慢慢地吃完。淡青色的画面，呼啸而过的城铁，叮叮作响的风铃，总有一只懒得理人的猫，斜着眼看着世界，好一种凄清冷淡的文艺。

不知道别人，每次看到这种美食片子，会怎么想？

总之，我每次看，都会不寒而栗地打哆嗦。孤独是一块慢慢凝结、冻彻心扉的万年玄冰，不是喝杯热茶，穿件毛衣就能回暖过来的冷。

在结婚有孩子之前，我也曾经有过在国外，一个人住，一个人煮饭，一个人吃，过了好几年这样的日子。虽然我也会做点好吃的犒劳自己，但我不会想到把一个人的孤独，拍出来给别人看。

那些年我一直断断续续地在看叔本华，我当然知道那句："要么孤独，要么庸俗。"

这些年，越来越多的人，越来越孤独。据说已经有超过两亿人单身。虽然还有几亿结了婚的人，但也有很多在孤独中挣扎着慢慢变成僵硬的"植物人"。

孤独是一种自然的人生留白，人生中每个人都会感到不同程度的孤独，与其抗拒孤独，不如学会和孤独相处。可是人生中，有各种状态下的孤独，纵然努力，我们可以把某一段孤独丰富起来，怡然自得，却在大多数的孤独里面，痛楚难耐。

很多人在质疑爱情的纯洁性，质疑婚姻制度的正确性，可更应该质疑的不是个体本身吗？为什么我们不再能够建立亲密关系？

我见了一个 23 岁的姑娘，她的公司成立一年有余，4 个全职员工和几个兼职。跟她讲话不会很闷，她是一个聪明而且逻辑缜密的人，在我差不多已经忘记她才 23 岁的时候，她突然说："卢璐姐，今年我有个目标。"

看她说得如此郑重其事，我便问："你要把公司做到上市？"

她大笑，摇着头，"不，我要谈恋爱，我23岁，还没有成功地爱上过一个人，我不知道怎么才算是爱上一个人，但是我觉得我是一个有家庭责任感的人，这辈子我一定要有孩子。"她顿了一下，接着说，"我希望孩子会有爸爸，倒不是因为经济压力。恋爱比赚钱难多了，没有规则，只能靠碰运气。"

说这话的时候，我们正在吃她喜欢的椰子鸡。餐厅生意异常火爆，虽饭点已过，但我们依然排了很久的队。餐厅正对着一家海外置业的中介，她上次排队的间隙，就买了一套普吉岛的房子。

"还不到100万元，可以刷支付宝哦，特方便。"她说这话的时候，眼睛在椰子鸡腾起来的水汽中闪闪发亮，我拿餐巾纸擦了擦额头的汗，我知道这是冷汗啊！

在今天的中国，100个人中，有99个觉得自己太穷。金钱成了人生的信仰，大家都觉得没钱是所有不幸的根源。事实上，能用钱解决的问题，都不是问题。只可惜等到明白的那天，已经没有时间去纠正了。

而今天，她远远不是第一个，也不会是最后一个跟我讲，不知道什么是爱的人。越来越多的人像买白菜一样购买奢侈品，他们明白，自己是爱的绝缘人。铂金包本身是不会发热的，更不会呼吸，但能够为活在虚无孤独之中的人缓解焦虑。

我在另一个城市里见了一个女人，她正在办第二次离婚，这是她四年内的第二次离婚。比第一次离婚更麻烦的是，这一次的纠纷中，有一个两岁三个月大的孩子。

她离婚的理由是"丧偶式婚姻"，老公要么不见人影，要么回家后攥着手机不放。别家夫妻，就算没爱情，至少还能成朋友，而他们之间比陌生人还要陌生。

她这一任老公是她高中的同学，中间断掉联系很多年，后来终于走到了一起。结婚还是倾尽所有举办了一场盛大的婚礼，真的不能说没有过爱情。

她老公说，不是我不回来，而是在家里没有我的立锥之地。无论是盘子怎么摆，还是买什么牌子的卫生纸，都要听岳父岳母的。

他说："你根本无法明白，在你自己家里，时时无话可说，处处感觉自己是多余的，是一种多么可怕的孤独啊！"

在国内，我不止一次听到独生子女说："在这个世界上，对我来说最重要的是我的父母，无论我跟谁结婚，无论我生不生孩子，我唯一确定的是不离开父母。"

父母子女，舐犊情深。

我可以理解，父母希望把孩子留在自己身边的"自私"，其实这是即将老去的人内心必然的恐惧，但是我不能够接受的是有些年轻人还未老去就有了这种想法。

因为在绝大多数时候，这种年轻人的初衷，就是换了一种形式消耗父母。因为他们根本不具有主动和别人建立亲密关系的勇气和能力。

因为他们的人生，仅仅知道一种生存方式，就是以自我为中心，无边界地被爱。所以只能用自己鲜活的人生，守着形容枯槁的父母，因为这才是能够抓住的唯一亲密关系。

今天整个社会面临最严峻的问题，并不是贫穷或阶层固化，因为这些都还可能遵循规则，努力去弥补的，而无法弥补的是，人和人之间的关系日渐疏远。

为了避免孤独、寻找亲密，每个人都慌不择路地寻找某一种形式，如婚姻、孩子、金钱……这些也许可以在一段时间填满人生，躲避孤独，但是无法让人建立真正稳固的亲密关系。所以暂时的充盈都是一种不可靠的虚无，随时都可能消失，孤独会反弹回来，更加猛烈地攻击自己柔软的内心。

作为一个女性作者，我一直在倡导，女人最重要的是，把自己活成自己，有自己的观点和思想。但是变成自己，绝对不意味着在自己的世界里面，把自己最大化。

建立起亲密感最困难的那一步就是，如何面对因为磨合而产生的痛苦。就像嫁接花木，没有切割，没有接触，没有拼命地愈合，就不可能长出枝叶，更不能枝繁叶茂。

事实上，在制造亲密的整个过程中常常伴随着痛楚，并不总是甜蜜的。

真正的亲密感，配料中并不仅仅是甜蜜、浪漫、爱情、宽容、宠爱，更有让步、委屈、妥协、痛苦、包容等，把这些都混合在一起，用时间当引子，才能培养出亲密感。

亲密感一旦建立，就会成为我们人生最坚实的后盾。它能让我们在今后的道路上，哪怕独自一人，但心中依然安宁，且享受孤独。

对于有些人来说，重要的并不一定是结婚、生子、陪伴父母，或者依赖闺蜜，更不要说千金万贯。

再多的金钱能买来的也不过是一个商品，可是我们的人生不是一个商品，无法用钱来交换。人生中唯一能让我们感到幸福和愉悦的事情是，拥有稳定的亲密关系。

所谓亲密的关系，不是一掷千金的豪气，不是欲火焚身的肉体快感，也不是一见钟情的爱情惊艳，相对人生资源来说，这些都是一种消费。而深切、稳定、平淡、默契，才是能让人生产生正能量的关系，前提是自己要打开自己，接纳别人，在痛苦中让步，甚至有时还要无条件地妥协。

没有付出的关系，不会有回报。这里的付出与金钱无关。

我想这世界上最差的死法，并不是穷死，而是有爱人在身边，家财万贯，广厦万间，但却死于孤单。

别把自己的一手好牌，打成烂泥一摊

去年的时候，在我家不远的弄堂里面开了一间咖啡店，也供应简餐。

是子觅发现的，她无意间跑过去，抓着店门口大大的龙猫玩偶不放手，我们才发现原来这里开了一间店。

小小的，只能摆放几张桌子的店。铺着素色的方格纯棉桌布，店里面有很多大叶子的绿色植物和可爱的多肉。

有一整面墙，摆放的全是书，梭罗、卡夫卡、尼采、叔本华、宫崎骏、金庸……意识流，还有各种游记，很多期美版的《国家地理》杂志。

店里到处都是很有艺术感的照片，都是店主去世界各地旅行时候自己拍的风景或者人物，每一张都有故事，耐人寻味。

店主是个 30 岁左右的男人，微微地蓄了一点胡须，常常穿黑色圆领衫配牛仔裤，很有文艺范儿。

去了几次便熟了。他会给孩子们煮他自己做的意大利面，配自己熬的番茄汁，再摆上自己种的新鲜罗勒的叶子，吃起来有些 *Eat Pray Love* 的感觉。

他是个很有故事的男人，听他讲他的生活，犹如一部淡彩的文艺长片。

高中毕业，他就被家人送去澳洲留学。在悉尼待了四年后，他去了英国读研究生。欧洲才是能够触及他灵魂的地方，历史悠久，连一块石头都是有典故的。

他开始在欧洲旅行，背着行囊漫无目的地走了很多小小的村庄。他在英国住了三年多，研究生毕业后，又花了一年的时间穿越美洲大陆。从南向北，从里约热内卢一直到纽约。

和他聊天是件非常愉快的事情，他英文很流利，还会说一点意大利文。他在那不勒斯住过四个月，因为爱上了一个意大利姑娘。

我实在忍不住，便问："留学、旅游、摄影和咖啡店，都是烧钱的事儿。你一定另有他业吧？"

他怔了一下说："旅游的钱是家里给了一部分，还有一部分是我自己打工挣来的。回了国，我在一家知名外企上班，工作了三年，可是这不是我想要的生活。开咖啡店是一个梦想，我不指望它赚钱。只不过有这么个地方，可以和朋友们一起聊聊天。"

"参加工作三年就能开咖啡店？好棒的公司呀！"

他笑了笑。我们心照不宣地开始了别的话题。

有一段时间，我们没有去。再去的时候，咖啡店已经关门了。门口的龙猫还在，风吹雨淋，脏兮兮的。

咖啡店关门，完全不在意料之外。这么安静的地方，店常常是空的，最多的一次，也就三桌顾客而已。

钱不是重要的东西，可是没钱是万万不能的。一家不赚钱的咖啡店，就好像是个带自动回复功能的窟窿，填完再变成坑。他能支撑一年，已属奇迹了。

有次在路上，碰到曾经在店里工作的小姑娘，问及店主近况，小姑娘也不知道。不过她说，店主家里原来在静安是有三套房子的。

言下之意，有房子撑着，赚点赔点，不过是蜻蜓点水，无须在意。

现在流行一句话，叫作"斜杠青年"，就是身兼数职，样样都行的意思。后来我知道店主29岁了，算不上青年，但是他绝对可以成为新一辈斜杠青年的典范，生活家、旅行家、摄影家、美食家，样样精通。唯一不精通的，就是如何赚钱。

这个文艺店主，让我想起一句话：世家公子，混世翩翩。

"纨绔子弟"在现代中文里面是个贬义词，说出来浮在人眼前的都是吊儿郎当的样子，顿顿大鱼大肉、找女人、泡小姐、抽大烟……

其实"纨绔"本来的意思就是穿得起细绢做的裤子的富家子弟，最初没有诋毁的意思。多数的纨绔弟子，在长得足够大时，就要寅时即起，卯时开读，四书五经、大学中庸，直到滚瓜烂熟，而且还需要培养很高的艺术品位和修养，书法、绘画、庭院、昆曲、鼻烟、扇面……

他们的共同点就是，都不太会赚钱。

清代的八旗弟子，欧洲的世袭贵族，在一百多年间，前前后后都在历史上消失掉，是有他们必然原因的，这不是偶然。因为他们的存在形式，已经不再符合社会发展趋势。

秋风起，蟹儿肥。上周末，新榜联合阳澄湖等组织了一场上海新媒体的蟹宴，给我发了一份请柬。我准点跑了去，花了四个小时，才吃了一只大闸蟹。

虽然这只大闸蟹是在阳澄湖里吃着虾米长大的，但谁买不起？只要想吃，出门买一篓子，甩开膀子在家闷头吃。

可是被邀请参加晚宴，宾客落座后，主家介绍："这位是卢璐……"不用加上谁的太太，谁的老妈，谁的女儿，还是谁的朋友……我就是我，这个味道比一篮子蟹都好吃。

工业革命改变世界，有了发动机，经济的发展速度比原先快了很多倍，没有土地也可以赚到钱，可以体面地生活，经营自己的人生价值。

不过这里的钱，不是名下拥有的钱，不是家族囤积的钱，而是自己赚到的钱。

因为钱本身不过是银行转账的一串数字，我们可以拿父母的、老公或者儿女的钱，可是价值拿不来。自己的价值得自己给自己挣回来。

2016 年是新中国成立以来，应届毕业生最多的年份。工作危机，失业的压力，一直是西方社会最令人无奈的痛点，也是西方政客们收买人心的最好卖点。可是在国内，轻轻松松就化险为夷，因为有越来越多的应届生的选择不就业。

选择不就业的孩子们，绝大多数都是家庭条件优越，衣食无忧，有诸多特长和许多爱好……秉持着我的人生我做主，我要实现自己的价值，我在意自己的生活感受，我不能够用自己鲜活的生命创造剩余价值而养肥别人等看似很洒脱的人生态度。

最浪漫的选择看起来是背起行囊的间隔年。

最理智的选择看起来是考研或者出国留学。

最正面的选择看起来是创业。

文青创业三个头牌：咖啡店、花店和民宿。

千言万语，只有一句话：我还没有准备好面对这个现实的社会。

事实上，"不就业"绝对不是近年才出现的现象，而已经陆陆续续形成了现在年轻人的生活态度。更有很多往届生，工作了一段时间以后，退出职场，选择不就业，美其名曰"自谋职业"，自主沉浮。

我仿佛看到有这么一个孩子，从出生开始，就被一群人围着。

每走一步，都有人前呼后拥，左扶右捩；每次摔倒，都会有人把他抱起来，嘘寒问暖。

被送到各个兴趣班，琴棋书画，样样俱全。

这个孩子从小到大听到的最多的一句话就是，只要你学习好，钱不是问题。他的每一个小小的进步，都被大声鼓励，他的每一个错误，都被小声原谅。

二十几年，他真的长成了大人们想要的样子，博学多才，能文能武，名列前茅，自信满满。我是这个世界上最优秀的人，我仰头的时候，全世界都要朝我看。

二十几年，他突然发现自己根本不是世界的中心，连个角都不算；在他做错了的时候，居然要自己承担后果；在绝大多数的时候，真心付出并不会带来良好结果。没有人能告诉他怎么做，因为面对将来，没有人知道对与错。

二十几年，整个世界的画风突然变了。从捧在手上的掌上明珠，变成了人人喊打的过街老鼠，"花父母的钱，啃老，你不道德。你良心几何？"

人生开了一个巨大的玩笑，在他还没有明白过来的时候，就改变了游戏规则，但是没有人给他解释过。打击、迷茫、怀疑、绝望……让他整个人生恍惚起来，不知道如何去面对未来。

永远浸在蜜罐子里的结果，不是甜上加甜，而是一种直泛酸水的苦。人生同理。没有一个人生来是为了风花雪月，逍遥享乐；只有苦过，累过，惶恐过，无奈过，绝望过，走投无路

∅　过，才会明白，原来看似不是路的河流也可以是一条路，跨过它也可以走向坦途。

子曰："吾十有五而志于学，三十而立，四十而不惑，五十而知天命，六十而耳顺，七十而从心所欲，不逾矩。"

每个人的人生是分阶段的，在该吃苦的年纪没有吃苦，在该摔跤的年纪没有摔跤，在该努力的年纪没有努力，结果就会在该享福的年纪去吃苦，该安稳的年纪去奔波，该智明的年纪去彷徨。反向的人生，并不美丽。

每一个人从象牙塔里面走出来的时候，都是对自己人生的第一次检验。从没有执行能力、不需要担起责任的青葱少年，到走向社会、学会赔笑、学会恭维、学会流汗，将自己打磨成成熟的中年。

破茧成蝶，是一种无法言明的剧痛，怕痛不敢出来的，就成了一只作茧自缚的蚕蛹。

父母的宠爱，家族的保障，就算能让你得到衣食无忧的生活，却得不到充实而饱满的人生。

千百年来，出世与入世，一直是中国文人争论不休的话题。就算每个人心中都住着个不着调的文艺青年，可日子总是如白驹过隙，一松手就会滑掉半生。如果想蹉跎，一下子就没有了明天。

文艺青年还是斜杠青年？只要是上进的就是好青年。

文艺青年还是斜杠青年？先要有一个稳稳当当的正业，才能做顶天立地的好青年。

小心别从斜杠青年变成斜杠中年，把自己的一手好牌，打成烂泥一摊。

大家闪开，我就是那个女司机

最近很忙，有很多烦心事儿。这篇写得非常赶，我有点犹豫：如果就这样写出来发布，不符合我追求完美的风格。

把头埋在沙子里不发？我做不到。

虽然我看不见你们，但是我知道，有人在等，有人会问，有人会失望。

所以我还是写了，发布出去。比起我的不完美来说，更重要的是你们的期望。

我知道自己是个又懒又慢和时代有点脱节的姐姐。

不过下一步我的公众号也会有点新的变化，我会推荐一些我认识并且喜欢的作家，我也会在每周一篇之外，多分享一篇比较实用的文章。

不过先说好，这不保证每周都有，别来追问……

很晚了，在这个雨夜里面，大家晚安，希望人人都会做好梦……

我去卢中瀚公司拿东西，发现地下车库在整修。大楼前面的入口被绳子拦住了，留了一个很窄的小口。

我车小，我自己觉得差不多进得去。结果拐了两把不但没进去，还差点撞到前面那个红色路锥。

正是上班时间，走过来一个背电脑包的小伙子，很贴心地帮我把那个路锥移开了。口子一下子大一块，再倒一把挡，就进去了。心里说"大公司员工素质真是好"。

车继续往下开，我终于明白为什么入口被封着了。

原来通往车库的路上，全都是新铺的水泥路。谢天谢地，已经凝固住了。我正高兴自己将车开进了车库，突然傻眼了，进口处拉一排警戒线，还摆放着一些路锥。

原来入口是整个封死的，施工公司太不负责任，随意留一个小缺口。

入口左边第一个位置空着，第二个位置有车。空的位置上，有一个打扫卫生的大爷。看到我便说："你要开回去，从另一个口进来。你没打卡，等会儿出不去。"

开回去？上面口子那么小，让我半坡起步地下来移路锥？

我坚决地摇头。这不空着一个位置吗？我只要从这个空着的位置上钻进去，不就可以了吗？

我给大爷说："劳烦，你把位置上的清洁工具车推开。"然后往左打到头，开始往空的位置上钻。三下五除二，我整个车就卡在前面的车、右面水泥立柱和左面的车库墙中间了。

大爷实在看不下去了，过来敲窗户说："美女，路锥是可以动的，移开不就行了。"

叮咚，这么好的主意，我怎么就没有想到呢？

我重新打火，企图退回原地。在大爷的指导下，折腾了五分钟，我熄了火，给卢中瀚打电话："我卡在停车场里了，你能下来一下吗？"

等他找到我，看到歪着的车，脸更青了三分，板着脸说："没看见前面是辆玛莎拉蒂？碰到了，你知道要赔多少钱吗？"

我问："就那辆白车啊？"

我知道玛莎拉蒂是种很贵的车，不过我对车没有概念，与其和我说车名还不如说颜色。红的、蓝的、黑的、白的，带贴花的那个，这样我就懂了。

我有一个朋友，有一个灰蓝色七座的雪铁龙，这个颜色不太常见。我们约好在路口等，朋友打电话给我说："快出来，路口不能停车，我到了。"

我一出来就看见一辆灰蓝色的车正在缓缓右转，穿着八公分的高跟鞋，我开门就跳上去，哈哈大笑说："怎么样，我够快吧？"

开车的是一个挺年轻的小伙子，目瞪口呆地看着我问："阿姨，你这是要干吗？"

电话狂响，朋友打的："那是个五座的奔驰，比我车小一圈，你看不出来吗？"

对啦！我就是那个传说中的女司机……

我和卢中瀚一起出门，他从来不让我开车。

前一阵子，他的中国驾照过期了没换，只好我来开车了。

基本上没到小区大门口，车里已经硝烟弥漫；到第一个红灯，就已经吵起来了；第二个红灯，已经气鼓鼓地不再讲话了；从第三个红灯开始，他就会用尽全力地用脚和身体撑住车座，闭着眼睛捂着心脏，面色苍白地装死。

有一次，我实在忍不住，打破沉默问他："我明白，我开车你害怕，所以闭眼睛。请问你死撑着车座是什么意思呢？"

他闭着眼睛痛苦地说："按照我们做过的冲撞试验，这是避免碰撞最有效的姿势。"

我冲他翻白眼说："你就这么不信任我，还让我天天开车送孩子上学，我们娘儿仨……"后面还没有讲完，卢中瀚突然高声大叫：

"刹车！红灯，你没看见吗？"

他把我吓了一哆嗦，我也火了："我当然看见了，这不是还有二十米吗？哎，你不是闭着眼睛吗？怎么还看得见红灯？"

法国曾经做过一个调查："夫妻在哪里容易吵架？"排在第一位的"车里"比排在最后一位的"床上"高出三四十个百分点。

男人一上车，就像是吃了兴奋剂的公鸡，攻击性极强。

女人一上车，就像是灌了迷魂药的笨鸟，稀里糊涂四处乱撞。

我家的情况大概是：

**有实力，
才有底气**

我开车，吵！我看漏了路标，吵！我跟错了 GPS，吵！

吵得最厉害的一次，是在高速公路上抛锚了。

开上高速路之前，卢中瀚问我："油箱的灯亮多久了？"

我压根没有注意到油箱的灯亮了，就说："我也不太清楚，应该好像大约差不多没有亮多久吧？"

时间有点赶，卢中瀚就开上高速了，结果才行驶五公里就熄火了。

在等着朋友给我们送汽油的一个小时里面，我们先花了半个小时吵架。

为了说服我，这个处女座理工男，用 Iphone 的 Note，根据我们车的历史油耗和我每天开车线路拥堵程度，并考虑到开空调的耗能等诸多原因，硬生生地给我算出，油箱灯应该是在三天前，早上去送孩子的路上，就已经亮了警示。

我目瞪口呆地看着他："亲爱的，可是现在算出来三天前就没油了，有什么意义呢？"

他冷冷地看着我："至少我算这个的时候，不会在心里计划应该怎么掐死你！"

"女司机"可是个荣誉称号，不仅仅在中国，连一向标榜男女平等的法国，说到"les femmes au Volant"，也是一说一大串，泪水和笑声并发，完全不会有女权组织出来抗议性别歧视。

先别说开车，就先说考驾照，那一把把掏出来的都是泪呀！

我是从法国开始学车的。法国考驾照只有两步：交规和上路。

应付考试是一种我非常擅长的能力，交规很顺利地就考好了。

法国路考是在市区里开 20 分钟，要包括一段加速到 130 公里／小时的高速路，市区里有自行车和行人出入的单行道。尤其让人头疼的是大型环岛，和至少两种停车方式，还有些其他杂七杂八的考试场景。

法国驾照的通过率低到驾校教练们罢工举着 Slogan 示威："我们要饭吃。"

第一堂驾驶课，在驾校门口，教练给我讲了讲上车有三步：调座椅，调三个后视镜，最后系好安全带。讲完之后说："我们走。"

驾校没有练习场，每次练车都是开着车满大街转。如果需要练倒车，就找个人不多的超市停车场。

我眼睛都要瞪出来了问："这就走？"整个人紧张成一块千年红木，硬得不带转弯儿。教练只好安慰我说："放松放松，你只控制方向盘，我控制脚下的部分。"

从此，我开始走上了漫漫学车路。华华丽丽地学了 83 个小时。

我去驾校哭："看在我付了那么多钱的份儿上，我要去考试。"

驾校很勉强地给我安排了一次考试。考试之前，教练跟我说："你考试通过的可能性很小。一定要完全放松，要相信奇迹。"

再后来搬到巴黎，忙着结婚、怀孕生孩子，再然后我考过的交规已经过期了。

我的法国驾照路，命赴黄泉，哀哉呜呼。

回到国内，我们住在经济开发区。

所谓经济开发区，就是该地区经济有待开发的意思。当时我们住的那地儿是荒山野地，只有一辆挤死人的公共汽车，不开车不行。

我又去报了驾校。

我家附近没有练习场，就在广场上撑几个竹竿当科目二练习场。这个广场晚上是烧烤夜市，满地都是油花儿和到处乱窜的鸡。

大家坐在小马扎上排队等着上车的时候，怎么把这些鸡抓过来，应该怎么吃，是一个特有创造力的话题。

这一次，死磨硬缠拿到了驾照，苍天有眼，我终于可以上路啦。

幸好有了驾照，不然到了上海，孩子上学还真成了问题。现在天天接送孩子，我恨不得让车成为我的腿。

用卢中瀚的话说："你为什么天天开，天天没长进，还是那个女司机？"

刚来的时候，在主干道十字路口左转。左转的灯时间很短，等我开到左转等待区的白线前，灯又变红了，于是我很自觉地停在路中间。

对面开过来很多直行车辆冲我使劲按喇叭，乱成一团，我心说：上海路口规划得怎么乱七八糟的，真危险。

这时候交警叔叔来，敬个礼问："什么情况呀，为什么停这里？"

我理所应当地指着前面的红绿灯说："红灯，我在等。"

交警叔叔说："你已经在左转等待区了，这个红灯和你没关系，你要开过去。"

我呆呆地看看前面的红灯和身后的白线说："原来我可以开过去。我还正说呢，为什么这设计得这么不合理？"

交警叔叔摇着头说："你没学过交规呀？"

我拼命点头："一千三百个问题里面，没有这条。"

上帝创造了男女，为了繁衍栖息。

社会塑造了男女，为了各取所需。

女孩子出生，旁边会堆满了柔软的娃娃，美丽的芭比或者益智的书籍。没有人会想到送汽车这种玩具。

女孩子成长在童话中，公主坐在金碧辉煌的马车里面，或者坐在骑着白马的王子怀里。

女孩子长大，却要自己坐在驾驶座位上，驾驭这个精密的机器，绝对需要独立自主，自强不息。

这是一个现实的世界，教导了我们二十年如何在坐在车后座上保持优雅之后，开过来一辆车，钥匙扔过来说："王子跑了，司机不在，请自己去追回来。"

"女司机"简直就是一副大师级的后现代主义的行为艺术，围观看笑话的那群没有修养的吃瓜群众，根本就不明白什么是艺术！

我专门去查阅过中国和国外的交通资讯，统计数字表明，女司机比男司机更安全。

无论是普通交通事故，还是引起伤亡的重大交通事故，就算排除以男性为主的货车司机来说，女司机出事故的比例还是比男司机低得多。

这里面主要的原因是，女人会更加遵守时速限制；有吸烟饮酒的嗜好的少；更多的女人会系上安全带。

在全程限速的 50 公里／小时的今天，我们要的不是快，是方便。

在汽车越来越精密高级的今天，我们要的不是超速，是遵守。

在警察满城禁令遍地的今天，我们要的不是技术，是安全。

是的，我就是那个女司机。

驾龄六年，十五万公里。没有扣过一次分，没有出过一次事故！

不服？你来呀？

虽说现在油价跌了，但省油省钱环保爱地球，是我们作为公民的职责。在此，和大家分享一下卢先生十几年的省油经验。

卢中瀚的省油小窍门：

1.空调会耗油，但是热风不耗油。热风是车开后，自然产生的机械热量。冬天千万不要像我一样，为了省油不开热风。

2.开着窗户耗油。因为汽车的耗油量是按照所有的窗户都关起来计算的。开窗户有风，阻力就大，阻力大，发动机要加力，发动机喝的可都是油。

3.有外挂车饰的，譬如哆啦 A 梦的钥匙，Hello Kitty 的耳朵，或者干脆车顶上架辆自行车，都耗油。臭美和耍酷都是有代价的。原因参照上一条。

4.没有充足气的轮胎，没有及时保养的汽车，都是耗油的元凶。

5.驾驶的个人方式，如果在驾驶过程中，不停地加速、刹车，和一辆保持匀速的车辆，耗油量相差非常大，感兴趣的人可以细算一下。

致我们终将远离的闺蜜

早上我和我的一个闺蜜喝咖啡，也许应该说是我的"前闺蜜"。

我们同龄，我们的先生也同龄。我们都有两个孩子，不但都同龄，而且还同班。

天天去接送孩子，我们这两个面冷心热的女人，用了一整年的时间才讲第一句话。但是从开始讲第一段话的时候，我们就知道我们可以做朋友。

我曾经写过，成人的友谊是很多不可确定因素的契合，总的表现是一拍即合，一拍若不响，那就换地另拍。人生苦短，谁有时间努力重来？

自从我们成了朋友，我们并肩齐走。接送孩子，逛街买菜，天南海北，心情愉快。

朋友不是在我滔滔不绝的时候永远频频点头表示赞同的人。朋友是明明知道她会反驳我，可我就想说给她听的人。

当初，我抱着玩玩儿的态度，开始写公众号。几十个人的关注，个个都认识。

我发的每一篇文章，她都会在第一时间点赞，再分享到朋友圈。

有一次晚上十点多了，她开心地给我发微信。她先生公司组织家属聚餐，她把我的公众号推荐给了每一个认识的中国同事。

有人问她我写了些什么？为什么推荐我？其实她根本就看不懂这么长串的中文。

这就是朋友，这就是朋友之间的支持和信任！

幸福并不是拥有，就算拥有了世界，独立云霄，只能是痛彻心扉的冷。

幸福是有人可以分享，心意相通地分享着彼此的感受。

爱是一种财富。最初，我们储蓄；后来，我们消耗。可就算透支，只要还在额度内限期补上，就不至于冻结清户。

有一段时间，我在她家附近上课，她每次都会给我做好午饭。

开始的时候，等着和我一起吃。后来的时候，把饭留在锅里。我会自己去拿碗、倒水、拿刀叉、在炉子上加热。吃完了，我就去冰箱里找酸奶或者切水果。

她眯着眼睛，在旁边织着毛衣和我有一搭无一搭地说话。实在是困了，就去独立的卧室睡午觉。这些场景，家常得都可以熟视无睹，却温馨得如沐春风。

孩子们的成长，是看得到的每日俱进。

成人们的友情，是看不到的如海情深。

上海只不过是一个交叉点，我们都终将离开，但是我们从来没有讨论过将来。

因为这已经是一个不需要讨论的问题。无论时间，无论地点，无论缘由，我们都会情深如海。

这一辈子，我们会遇到很多很多的人：

发小、哥们儿、姐们儿、闺蜜、战友、知己、知音、金兰、手足……

究竟是谁，才是人走茶凉，不可替代的痛？

究竟是谁，才是一辈子的挚友，可以换命？

究竟又是谁，才能相互挟持，相伴一生？

说到底什么才算是朋友？又有谁能一句话说得清呢？

朋友，其实是一个模糊而不确定的概念，没有定义，没有条件，没有范畴。我觉得你是，她不是，她们还要再鉴定。

我朋友一定是我的朋友，而我却不一定是我朋友的朋友。究竟是与不是，说来说去，评定的只不过是自己的感情。私人私心私密，丝丝入扣。

越单纯的时代，越单调的环境，时间叠加起来之后，友情就越深厚。譬如发小、同学或者战友。

可是在这个社会上艰难地生存，我们每个人都是背着重壳的蜗牛，埋头奋力，咬牙拼命。

我们有太多要去努力的前程。

240

我们有太多要去打拼的目标。

我们还有太多必须要做的事情。

在大多时候，我们无法控制自己的脚步，无法保持步履协调地向着同方向前行。

慢慢地，我开始变得非常忙，事业、孩子，任何一项都能压垮一个人到中年的女人。我像是一个陀螺一样飞快旋转，必须快马加鞭，否则就倒下了。

有时候我真的想停一停，我们可以如原先一样，喝着咖啡，看着孩子，她织着毛衣，我上网乱逛，但是我却不能停，有千千万万的事情在等着我去做。

我记不得有多少次，说好了的事情，被我忘得一干二净。

我记得有好几次，在最后的时间，我还是取消了我们改期再改期的会面。

每一次我都在心里面说，没有关系，一辈子那么长，反正我们有一辈子。然而事实是，从并肩无暇，到暗自揣测，再到心生嫌隙，坐滑梯往下滑的时候，总比步步维艰地往上爬更容易。

慢慢地，她变得尖锐而冷漠，在人群中刻意地转过头去，不再回应我表示讨好的笑容！

执念不同，何必强融？

我们就这样越走越远，越走越疏离。然而这一次喝咖啡，便是为了分离。

走到岔路口的这一天终于到来，这一次不是我，是她离开了上海。

每个人的人生都是一条很长很长的路，这一路走来，和别人的路有时交叉，有时同行。

但是在这条每个人都无法返回的路上，在有限的时间里面，只能做有限的事情。

没有人，能有权利要求别人：我在出门期间，你一定要在原地等？

也没有人，能有权利要求别人：和我在一起之后，你不能再出门！

所以，无论是处心积虑，抑或是无心无情，朋友之间，总是在亲亲疏疏，远远近近，散散离离，随风走远是那个人，留在心底的是昔年点点滴滴的感情！

请问，有谁没有在夜深人静的时候，静心追忆，有谁能拍着胸脯长啸："这一生，我从没有负过任何人？"

摆在我面前的咖啡，已经完全冷了下去。我端起来，喝了一口，苦涩冰凉。我们对望着，默默无语，眼里面全是止不住的痛。

事到如今，彼此疏远，我们已经回不去了。

就是因为不肯彼此原谅，才让我们明白，爱得越深，恨得越痛！

遗憾也是一种结尾，虽然不是我们最初想要的那一种。漫漫长路，我们只能遵循着各自的轨迹运行。

这像是每一个悲催的闺蜜的故事，不是每一个故事都会善始善终。

这一生我不知道我能遇到多少人？

这一生我知道我遇到了你。

痛是写在沙子上的句子，会日渐模糊。

留下来的、日久弥香的部分总是欢愉。

这一辈子，无论我们是否还会再相遇，在很多很多年以后，在回忆的另一头，我总是会记得，我们开怀时的笑容。

并不是每一个朋友，都能相伴终生；并不是每一个闺蜜，只有甜蜜。时间到了，我们终将远离。

痛总是比爱更弥久不衰，我有多痛，我就有多爱你。

那么，就到这里吧，前路漫漫，风萧萧兮：你好，再见！

·
·
·

第八章

活着，我们每个人
都有翻盘的机会

·
·
·

想要输尽你的人生，那就请事事前功尽弃

春天的时候，有一个读者在公众号和简书分别给我写了很长的留言，大概的意思是：

"卢璐姐，我是一个大学生。一直在追看你的文章。受到你的鼓励，现在我也开了公众号，我都坚持 43 天了，可是写出来的文章，完全没有人关注。我觉得我的人生总是失败，大学这几年，无论做什么都没有成绩。我觉得非常苦恼，原来我的人生根本就是个错误。"

谁没有年轻时的迷茫？透过屏幕，我也读得出她的焦虑。

我们加了微信，我让她把公众号发给我看看。公众号上，一共就十几篇文章，最多的那篇是写自己失恋的文章，伤了心，动了情，用了心思，有 200 多的点击率。

我花了一个小时，给她讲我自己总结出来的公众号运营的方式。

最后我说："虽然公众号是一个见效很快的行业，但是再快也是要有一个积累的过程。任何事情，都要先有量再有质。

当务之急，你要先累积内容，有了优质的内容，再考虑运营的事宜。"

她开心地说："卢璐姐，你说得太有道理了，我这就回去努力写。谢谢你。"

讲完微信，我煮了一壶菊花茶，说了太多话，口有些干，但我很开心，很快乐，这也许就是帮助别人所给自己带来的成就感吧！虽然花了我一小时的时间，但很值得。

过了两个星期，她又找我。有一篇文章要开白名单。我问她："你不写原创了吗？"

她说："我觉得我目前人生经验还浅，文笔也还需要锤炼。我先开始转载一些我喜欢的文章，再慢慢锤炼。"

人生最难得的就是有自知之明。难得她这么年轻就这么通透。我给她开了白名单，并鼓励她说："优质的内容才是能让你最终区别于别人的特质，写下去，不要放弃。"

她给我发了一串很可爱的表情说："卢璐姐，每次和你聊天，我都收获甚多。我去努力了。"

又过了一个月，她在微信上说："卢璐姐，你接受付费推广吗？我想请你推一下我的号。"

我去翻了一下她的号，除了转载，自己新写的文章不超过五篇，而且有两篇文章很明显地虎头蛇尾，草草了结。

于是我说："按照你现在公众号的情况，就算别人加了关注，翻一翻也会取关啊。你出钱推广，钱不是白费了吗？"

她说："我研究了微博微信，还有其他诸多新媒体的运行方式，发现最重要的是要有第一批'原始粉丝'。这就像是滚雪球，只要有了最初的那个小球，就会很容易滚成大球的。我现在需要的就只是这个小小的球。"

她又说，她马上就毕业了，她可不想用自己的剩余价值去养肥别人。今年是自媒体最火爆的一年，也是最后一班船，再跳不上去，就赶不上了。

"我的目标也不太大，只要能做到粉丝十万，然后就可以发广告，做团购，开培训。天下有那么多有趣的事情可以赚钱，我不想被困在一个办公室里面，看老板难看的脸色。"

现在的年轻人不比从前，小时候父母那些天文地理，奥数逻辑的兴趣班没白交钱。她说得情绪激昂，头头是道，连我都热血沸腾了。

她突然问："那么，我应该把我的号做到多少万粉丝呢？"

可是我总觉得哪个地方有点不对劲儿，不过我也说不上来。

我们说了半天，但是我还是拒绝了她付费推广的要求。道义让我自律，我不能昧着良心拿别人父母的血汗钱。

她挂了电话，不太高兴。过了几天，我在朋友圈里看到她分享了大号推荐她的链接。也许我错了，有志者事竟成吧，我本来就没有资格判断。

接下来的几个月，日子如流水一般地过去了，我忙得无法喘息。

上星期，我突然收到了一条她的群发消息："请给我朋友圈的第一条消息点赞并评论。"我去看了看，是一个化妆品的广告。

她显然开始做起了微商，一天发几条，每条九张图，全是没有辨识度的锥子网红脸在搔首弄姿推销化妆品的照片。我想起了她的公众号，去翻了一下，从初秋到现在再也没有更新了。

在人情薄如纸的今天，微商真的是个很辛苦的行业，一言不合就得打脸。

我只能遥祝她，小姑娘，在你的人生道路上一切顺利，越走越远。

张爱玲说了一句"出名要趁早"，一句戳中了所有人的痛点。

这是一个信息爆炸的时代，一切都变化得太快。人心浮躁，急功近利，不愿意耐心等待，恨不得人人都在屁股上绑个火箭，嗖一下就上天。

一篇文章就可以涨粉二十万；一个公众号风投就可以拿五百万元；一个鸽子笼，就能卖一千万元……这架势不出几年，人民币一定要赶超越南盾，要用亿来计算喽！

我们活在飞速运转的时代，每个人都有焦虑的时候。我们总是听到别人赚了多少多少亿，总觉得我们一低头就可能错过几个亿。

一个有情怀、有梦想、脚踏实地的男生，是这样计划他的人生的：

大学毕业，进公司，月薪 3000 元；六个月跳槽，月薪
6000 元；九个月再跳槽，月薪 1 万元。

接下来的日子，跳槽升职，升职跳槽。25 岁就可以在知
名上市大公司月薪 3 万元；30 岁进入管理层，年薪百万；32
岁辞职创业，风投闻讯而来，挤破头塞钱。几轮融资之后，公
司在三年内在美国和香港分别上市；35 岁穿着阿玛尼的定制
西装，开着私人飞机去华尔街敲钟……

他的至理名言就是：世界上最金贵的是时间。美金掉地上
都不能捡，因为我弯腰的时间，要比掉的美金值钱……

等一下，打住，这不是李嘉诚吗？可他都快 90 岁了！

是的，李嘉诚目前达到的人生高度是比较理想的，遗憾的
是，如果他能提早 30 年……

读到这里你别笑，这可不是梦。这是梦想，这么有梦想的
年轻人，这里乌泱乌泱一大片。

那些从小被鼓励追捧大的孩子们，总要被撞得满身瘀青之
后才会明白，原来心想事成并不是理所当然的常态，很多时候，
我明明努力了，可终究还是要放弃。

人生犹如一个沙漏，从生下来的那一分钟，沙漏倒置，计
时开始。

所以说人生最珍贵的不是钱，而是时间。钱花掉了之后，
还可以赚回来，但是时间不会……

我们每个人都只有一次不可复返的人生，我们每个人都只
有一次可以把握的机会。如何规划自己的人生才是我们真正要

考虑的重要问题。

　　每个人的道路无法复制，每个人的成功也不能相比。与其花时间盲目地去学习如何快速高效地模仿别人，不如多花一点时间给自己。

　　慢慢地把心安静下来，找到一件自己想做、喜欢做的事情，准备好之后，再开始，一旦开始，就做下去，不要放弃。

　　要知道，在这个世界上最大的浪费就是半途而废。

　　想要输尽你的人生，那就请事事前功尽弃。这可是条箴言，可以谨记。

在有信仰的人生中，坚守快乐

早上起来，打开手机，微信上不停地往外跳信息，全是群发的中秋祝福。

原来今天是中秋。

脑门有点冒汗。

周五上课的时候，我就给学生讲，今天是中秋。

昨天上飞机前，我还给我妈发微信，祝老妈中秋快乐。

结果居然今天才是中秋。

中秋节曾经是一年中，仅次于春节的一个正儿八经的盛大节日。

小时候北方的中秋，已经很清冷了。

一家人一定要一起吃个团圆饭，我不喜欢吃月饼，可是还得在饭后硬着头皮吃掉五仁月饼或青红丝的月饼。

然后，大家一起在葡萄架下面看月亮。

嫦娥的故事，从睁着大眼睛使劲地听，到捂耳朵摇着头不要听。

一年接着一年，月光如水，滑过去之后，改变的其实是月亮下面这些仰头看它的人。

几十年的时间，一下子就滑过去了。

中秋节也变了。

月饼变得很好吃。

团圆饭变得可有可无。

群发祝福消息变成了必需的。

中秋节变成了一个写在日历牌上的法定假期。

今晚的月亮会不会圆，这不重要，只要不影响我享受长周末。

时代变了，生活方式变了，人们看世界的观点也变了。

我尊重传统，我传承传统，我发扬传统，前提条件是请允许我先过好我小小的生活。

写这些话的时候，我并没有带着孩子遵循传统地赶回青岛娘家去团聚。

写这些话的时候，我在金边的酒店里面。

外面是明媚的阳光却下着倾盆大雨，与不远处千奇百怪的佛像融合起来，有点奇异的梦幻。

上午的时候，我们去参观金边的寺庙。

走进大堂，里面跪了一地的信徒，在膜拜，在献花，在点蜡烛，在奏乐，在舀着漂满了花瓣的水，还有一些人仅仅是在发呆……

寺庙里面，没有看到僧侣，没有看到主持。

后来在湄公河边散步的时候，倒是看到一些僧侣。

这里的佛教寺庙不是很高大庄严，可使人清心修行。寺庙是人们的集聚地，在神佛的家里，人人都是客人，个个都兴高采烈，仿佛是个聚会，这里就是聚会的广场。

这让我想到，参观清真寺的时候，中午时间，总会有很多人来寺里，洗完手，在庭院里面吃完自己带来的午餐，然后就走进寺庙大厅里，找个角落就地午睡。一切都很自然，安静。

这就是信仰。

怎样信并不重要，重要的是信。只要信，就可以让我们安心并且快乐。

对于无神论的我来说，我想今生我是很难有宗教信仰的。

但是每个人有每个人的生活方式，每个时代有每个时代的生活方式。

就算曾经那些坚守的东西已经改变，可是总有一些密度特别的东西，可以穿越时间。

人生中，我们能够评价的不是对错，而是真假。

只要相信，只要想念，只要真心，一切安心。

反正月亮是个椭圆形的球体。就是说，无论今晚我们站在地球的哪一个点，肉眼看过去，都是圆的。

只要有心，只要有意，祝福身边每一个人：

但愿人长久，千里共婵娟。

中年女人的反思：人总要拼命地活着

破天荒第一次，我写了一篇文章，竟然被我的小助理们给枪毙掉了。

事情是这样的。

在年前，我把一项整理材料的工作交代给了小乐，一个96年出生的硕士在读的姑娘。在家闭关了三周半，催了很多遍，结果交给我的文件做得非常粗糙，漏洞百出，错字连篇。

作为一个创业公司的小老板，我一直试图给自己营造一个和蔼可亲的形象，不要露出资本家的白牙，管理好自己的情绪，努力拍好大家的马屁，可这一次我忍不住在群里发火了。

晚上九点，算时差国内应该是凌晨四点了，小乐把资料发给我并且道歉说："卢璐姐，对不起。"

我是一个老母亲型的老板，工作完不成我生气，但看她这么熬夜，我更生气，顾不上看文件，我先心急火燎地质问她："这个点儿还不睡？你想怎么样？"

她发了个瘪嘴的表情，说："完全睡不着，越躺越清醒。"

我问："工作没有做，论文有进步吧？"

她是 985 大学中文系的研究生，正在写论文，写的是当代中国文学里非常有趣的一个论题。我看过她写的第一章，很精彩。

她发了一张正在哭着脸的表情，说："别说工作和论文了，我已经七天没洗头了。从大年三十到正月十八，我一直穿着一件睡衣，整个人没有一点力气，浑身软绵绵的，我觉得我的肌肉好像退化了，从床走到厨房，都要喘到不行。"

这二十多天，她每天睡到下午两三点，在老妈的骂声中，睁开眼；起床煮杯咖啡，打开电脑文档，顺手玩两局消消乐就六点多了；吃晚饭，放下碗，就八点了；然后抱着一堆零食回房间，窝进被子。这个点儿同学朋友也开始活跃了，一会儿焦虑地去买口罩；一会气愤哪个大 V 又说了什么话；刷刷抖音，看看美剧或综艺……当停下这一切的时候，基本上凌晨五点多，天空泛鱼肚白才睡觉，疲惫无比，自然完全无效率。

作为新媒体类公司，无论有没有疫情，一直以来我们都是各自在家线上办公。自从出现疫情，每个人都需要隔离，理论上大家不能出门吃饭、会友、买东西，时间更多，工作效率应该更高才对，至少也应该能够保证工作效率，可事实恰好相反。隔离越久，越不能出门，我们的工作效率越低，每个人都越来越拖沓，工作效率比平常慢了不止两个节拍。

恨铁不成钢，我就写了一篇文章，因为对我来说，即使现阶段疫情不明朗，也不是自我放弃的理由，时间是自己的，生命是自己的，所有蹉跎过的每一分钟，损失也都是自己的！

全职、兼职加实习生，我们一共是 10 个人的团队，除了我和一个 84 年的二孩妈妈之外，剩下全是"90 后"未婚小姑娘，没想这一次写的文章，受到大家一致的反对，理由是：

第一，隔离这些天，变成现在的情况，不是我们造成的，我们没有选择；

第二，人生价值离现实太远了，会不会失业，会不会减工资，这才是弦绷到快断的焦虑；

第三，在当下的时段，说人生努力未免过于冷血，还是各自惜命，好好地活下去。

可到底什么才是惜命，怎样才算好好活下去呢？

现在网络上，每隔一段时间，就会出现一批关于惜命与养生的文章，大概归结起来就是，别熬夜，要早睡早起，人生要慢一点，才能体会到人生的小确幸。

这和几年前流行的那句"女人一定要买点贵的东西"一样，之所以深得人心，是因为理论本身符合人性的疏懒和贪婪。

就好像是李子柒的视频，闲逸得犹如陶渊明的诗句，"采菊东篱下，悠然见南山"。只不过她给你看到的，都是你自己想看的那一部分，更多背后的故事你是没有看到的。

在俗世奔波，谁心里没梦想过有个长长的假期？睡得足足的，喝点茶，泡个澡，做两个小菜，温一壶老酒，没有责任，没有压力，白云苍狗，岁月静好。

可真到了能慢下来，停下来的时候，才会发现：茶是要煮的，喝完还要洗杯子；菜是要做的，吃完要洗碗；泡澡是要放热水的，出来还要擦身子，而我仿佛中了化骨绵掌，全身酸软如面条，只能瘫在床上看不用脑子的综艺肥皂剧，连纪录片都觉得深奥难懂！

所以，虽然在当下"惜命"这个词很流行，然而当一个人在喊"惜命"的时候，往往就是那一秒钟的行为艺术，这种冲动可能是去买一张健身卡，去吃一碗绿色的沙拉，再或者九点蹦到床上去睡觉，直挺挺躺了一个半小时，十点四十的时候，摸出手机来，开始刷朋友圈，或者玩消消乐。

作为一个既不能假装，也不能溜号，四十几岁的中年人，实事求是地说，我发现，我年轻的时候，越是手里握着一把青春，不懂标价，恃宠行凶，反而会散散漫漫，十分惜命。

可现在年长起来，愈发感到人生只不过是一个意外，既然来了就好好努力，才是能被执行的"好好活着"，否则"好好活着"，只不过是一句空谈。对天发呆，虚度光阴，凭什么说好好活着？

前几天我看到一个截屏，是一个一线的医者和朋友的对话，他说："仿佛就是一场战争，我们都毫无准备，衣服还没穿好，鞋带还没系上，敌人已经在眼前，上了子弹的枪顶着脑袋，更可怕的是，这不是一场演习。"

无论是面对疫情，还是面对人生，我们为什么会焦虑？又为什么会恐惧？

无论焦虑还是恐惧，本质都是对于未知的绝大多数的不可控制性。我们不知道、不明白、不确认将来会是什么样子！

我们既然不是上帝，无法改变世界，那么抵挡焦虑和恐惧最好的方式，就是尽可能从那些细枝末节，从自己能掌握的小事做起，一件接着一件，用尽全力地去扩大自己能够"掌握"的地域，自己给自己创造安全感，这才是中年人应该领悟到的。

我知道这篇文章，是碗纯正的鸡汤，可真的到了该喝碗鸡汤的时候了。

就像是跑步，就像是上战场，无论现状如何，这都不是让自己松散到瘫痪下去的理由。

别再刷手机了，别再随便因为微博跟风而气愤了，绕过无法控制的"疫情共情症"，保持集中精力，保持自己的活跃性，好好地做好自己能做的每一件事。

即使是洗一只满是油污的锅子，缝一只破了很久的袜子，完成很久都没有完成的稿子……然后我们就会发现，世界还是那个世界，但是你却不再是那个你了，因为你治愈了内心的焦虑。

接下来的日子里，我们还会面临着重重的、不可预计的问题，这些都是我们自己无法改变的，但改变自己，这才是最好的惜命及好好地活着的含义。

∅

你要相信每天都是人生中最恰当的一天

2010 年的 1 月 4 日，北京大雪，引发所有航班大面积延误。我和卢中瀚抱着还没有满三个月的思迪，用了三十多个小时，终于从巴黎到北京，再转机到了武汉。

这次不是探亲而是定居。我们带了五个从国外带回来的大箱子，一个车载儿童座椅和一辆婴儿车。武汉的雪已经停了，但天气依然很冷。

大厅里聚集了大量因为航班晚点的旅客，却几乎没有出租车。我让卢中瀚在大厅里抱着思迪，看着行李，我到外面排队等出租车。人都快冻僵了的时候，终于排到了我。

管出租车的是个挺年轻的小伙子，平头，穿着宝石蓝的羽绒服，我告诉他，我有个婴儿在大厅里。我现在去推行李抱孩子，请他给我留个位置，他同意了。

我们推着行李，一出大厅就被一圈黑车司机围住了，甚至有人一度强行推起思迪的婴儿车，非要拉我们去坐他的车。我们用尽全力冲出重围，走到那个管出租车的小伙子旁边。等了一会，有出租车过来，他就指挥我们上车！

黑车司机们觉得他坏了规矩，围过来大声叫骂，并挥起了拳头。场面变得不可控制，大厅门口的保安，一面冲着对讲机求助，一面大喊着冲过来加入混战；治安协警从几个方向朝这里跑过来。

那个小伙子抱着头，不停地大喊一句武汉话，我琢磨了几遍明白了，他在喊："她刚刚是排过队的！"

身处风暴旋涡中心的我们，三辆行李车再加上婴儿车，被推来撞去，而那个出租车司机，居然后盖没打开就跑下了车看热闹去了。

我冲着"混战"中大声喊道："别打了，我是排过队的！"可是他们没有人听我的。

出租车是辆老的爱丽舍，空间不大。我们正在装行李，看热闹的司机回来了，不满地大叫："停一下，塞不下那么多的东西！"

可是后面有几十米的长队，旁边有十几个黑车司机在围攻管理员，来不及再叫一辆出租车。卢中瀚穷尽他所有的智慧，把整个车内空间发挥到极致。到最后司机已经不再讲话，只是目瞪口呆地看着，因为他没法相信，一辆车里能装下这么多东西。

当出租车终于驶离机场的时候，我长长舒了一口气。

其实，我们在武汉住了近四年，天河机场来来往往走了很多次，但是狼狈混乱到这种程度，这是唯一的一次。

我发现，人生的很多"第一次"都非常与众不同，仿佛命运一定要设计出一个别出心裁的出场，才能把人生填得生动有趣。

　　至于我们，就从这场戏剧化的混乱中，开始了国内的新生活。

　　那一年，我34岁。从23岁背着箱子去法国读书，到带着老公孩子搬回来定居，十一年，我又一次破釜沉舟修正了我的人生……

　　这仿佛还是昨天的事儿。时间转瞬即逝，七年的时间已经过去了。当年抱在怀中的思迪已经成了135厘米的长腿姑娘，亭亭玉立。在这期间我又生了卷毛子觅，都已经会手叉着腰给我噼里啪啦地讲理了。

　　今年，卢中瀚在国内的工作结束了，我们该搬回去了。可是人到中年，带着两个要上学的孩子，还有40立方米的行李，无论回还是不回，都是一个举步维艰的抉择。

　　从春天开始，我差不多每天在法国的网站上，找房子，找学校，写邮件，回邮件。七年了，法国速度总是犹如那只叫"闪电"的水獭，要以星期计算，进展甚慢。

　　初夏，卢先生回来，神色凝重地对我说："我们需要谈一谈。"

　　他拿着一张打印好的工作 Offer，工作地点在上海，职位也符合他的发展，但这是一家刚刚起步的新型公司，连产品都还没有上市。打动他的是情怀，这个公司想做的，要做的，都是他在这个行业二十年来，一直想要做的产品。

从世界五百强到一个新兴的公司，从稳定的终身制工作到几年后再续签的合同工，一个有家有孩子责任满满的中年男人，在丰满的理想和骨感的现实中，必须瞻前顾后，有取有舍。

我知道他真的想去，我也知道他真的犹豫。婚姻让我们绑在一起，做任何决定都不再可能只凭自己的意气和冲动。

原来我一直都不明白，为什么总有人说，二十几岁是人生最美好的年龄？

从 20 岁到 30 岁，每个人过得都很苦，满心都是焦虑。明明未来就在前面，可就是看不清楚！到了 40 岁，我才明白，美好指的并不是舒适感，而是选择人生的可能性。

拥有的越多，就越不灵活，风干到固定的模式，只能晦涩缓慢地顺着固定轨道滑行。

这个天底下，从来没有免费的东西，所有的得到都是某种方式的交易。

我们花了很多时间去想、去判断，甚至做了一个 Excel 表格，写下所有能想到的有益或者有害的观点，然后逐条分析。

婚姻最好的状态是双赢，各自都能找到自己恰当的利益点；婚姻最忌讳的，就是用牺牲自己去成全对方。作为祭品被奉献的怨气，滴水穿石，总有一天会穿破婚姻的底线。

最终，我们还是决定留下来，放弃我们固定安稳的生活，选择了风险和有潜在可能的动荡，给他一个机会，让他做他想做的事业；给我一个机会，写我想写的文章。这是一个深思熟虑的结果，面对有可能出现的风险，我们心知肚明，剩下的只能是担当。

一整个夏天，我们都在各处拼命地狂奔，办着各种各样的手续，不吃不睡，疲惫至极。虽然我最理想的人生就是在不缺钱的状态下，吃饱了瘫着，然而事实上，人生最美丽的时光，却是在拼命之后，大汗淋漓的喘息。

人在二十几岁的选择，总是盲目而急迫，慌不择路寻找自己人生存在的位置，试图把人生加固得更加平坦安定。

四十几岁如果还有勇气做出选择，往往目的明确，风险已经被评估，却依然向前，是为了实现自我存在的意义。

我希望得到关注、认同、尊重与呵护，我也希望可以体面地生活。

体面，并不仅仅是经济上，有钱有闲，衣食不愁。从精神角度上来说，体面还包括自己被所在的空间和人群的认定和认可。钱只能买到部分的体面，但是正确地说，能交换到体面的是价值而不是金钱！

虽然人到中年是一段上有老下有小、责任重重、举步维艰的时期，如果再放弃追求梦想的勇气，那么剩下的就只有晦涩。事实上，人到中年也是跟头摔尽、心理成熟、经验丰富、执行力爆棚的年纪。四十不惑，当我们能清晰看透这个世界，可以轻而易举地避免多少人生道路上的陷阱啊！

人生就是一场自己和自己的斗争，千万别在终于可以让自己的人生变得有趣起来的时候停下来，选择放弃。

未卜先知，只是存在神话里面。在选择行动之前，没有人能够预测结果。唯一能够肯定的就是，万事原本没有对错，坚持到底，坚持本身就是一种胜利。

其实，这一辈子，每天都是最好的一天，每天都是最恰当的一天。越是难，越是烦，越是疲惫不堪，越要对自己说，不要沉下去。

人的中年，并不会太差，如果真的差，那就差在少一口咬着牙的真气。

全职妈妈如何弯道超车

在我做全职妈妈的那会儿，我曾经非常认真地想过，如果有一天，我要是开了公司，招人一定要招全职妈妈。

为什么不呢？

1.能做全职妈妈的人，大多数都受过了高等教育，才能找到一个收入不错，养得起家的老公；

2.每一位全职妈妈都经过身经百战的培训，眼观六路耳听八方，临危不乱，有兵来将挡的淡定；

3.最重要的是，我想没有人比我更明白全职妈妈们想要挣脱自己狭小的人生困局，那种焦虑的心态。

总结下来，全职妈妈们将会是天赋异禀的最佳员工。

可事实上，今天在我的工作室里，除了我之外，只有一个妈妈，其他全是没有结婚的"90后"。那个唯一的妈妈，虽然生了两个孩子，但从来没有停止过工作。也就是说，到目前为止，我从来没有能够把任何一个全职妈妈从"水深火热"的人生中拉出来。

渐渐地我发现，对于每个女人而言，从怀孕到生孩子变成妈妈，是一种刻骨铭心的记忆，而几年后想要走出全职妈妈的人设，重新被人叫起自己的名字，而不是某某妈妈，这是一种凤凰涅槃，浴火重生。

每个全职妈妈都有一颗想快速改变自己而焦虑的心，但这里面绝大多数的人，并没有一颗把革命进行到底的决心，浅尝辄止，然后又无可奈何地回到了自己并不满意的生活中，继续得过且过地生活。

我面试过不止一个全职妈妈，最常见的说辞是，孩子开始大了，想要找到自己的价值，想来尝试，钱多少没关系。

老实说，面试时我最怕的那句话就是："钱多少没关系。"对于接下来的工作，你要对自己多没信心，才能说出钱多少没关系？

大多数全职妈妈，在面试这一关就卡住了，几年没有工作过，与世界完全脱节了。有个妈妈对我说，她没有支付宝，平常想买什么，都是截屏丢给老公来支付。夫妻和睦是个值得普天同庆的好消息，但这样就来面试做电商的新媒体公司，真的有点匪夷所思。

少数人是卡在面试之后的那一关，我要求每个人都做一个公众号历史文章分类表格，这是一个不复杂，也没有技术，但有点费时间，需要极大耐心的工作。

其中有几个妈妈，从此就销声匿迹了……有几个妈妈给我交了表格，但当我指出错误、要求去改的时候，一次、两次，最后也就没了干劲，放弃了这份工作。

后来，我录取过一个需要从零开始教的妈妈，做了还没有一个月就辞职了。因为她要不停地看手机，因为她担心家里饭煮煳了，孩子作业没有完成，洗的衣服没有晾晒……无法集中精力工作，为了赚那点儿钱，得不偿失，最后她也放弃了。

我是一个不懂得拒绝的人，她的离职反而让我长舒一口气。我一直在等着她自己离职，因为会和不会是能力问题，而丢三落四，任何事情都要催很多遍，检查好几次，这又是什么问题呢？

再小的公司要想生存下来也要以盈利为目的。能找到愿意支付与创造价值等值工资的公司，已经不容易了。那种支付高出自己创造价值工资的公司，早已经被压碎变成了历史。

在社会变化如此迅速的情况下，不要说停职几年，就算是停职几个月，学历再高，以往经验再丰富，都会出现知识断层，需要重新去学习。

可是全职妈妈再就业最大的问题，并不是如何去弥补这个知识断层，而是如何调整付出和产出的心理价位不对等的问题。

重入职场，每个人都要有一个需要证明自己能力，把位置坐稳的时期，而且通常新人总是要承担那些更苦更累的工作，出差或加班，只有做出了业绩，才有可能去谈自己的报酬和工资。

这是一段需要高效付出的阶段，没有人知道具体的结业时间和投入之后到底有多少产出，唯一可以确定的是，不投入就一定不会有产出。

对于全职妈妈来说这是个非常难以逾越的阶段。因为和有整个人生要等着自己去拼的年轻人相比，全职妈妈们有很大局限性，拿那点儿工资，还不够孩子学两节兴趣班，是否还有必要在捉襟见肘的人生中，付出本来就很稀缺的精力？

虽然某些女人的老公、公婆，甚至父母，他们都不待见不赚钱的全职妈妈。可一旦她们决定去上班，不能够再按照营养食谱上的方法，每天给孩子做五种果泥，接送三个兴趣班，处理甚至包括大姑小姨的家长里短，全家都会跳出来反对说："钱不重要，看好自己的家庭和孩子，才是最重要。"

于是，绝大多数全职妈妈找工作的条件是：1. 离家近；2. 不出差，不加班；3. 时间灵活，可随时溜出来，照顾家庭。

满足这三个条件的工作，处于职业链两极，要么是身家几亿的上市公司分红董事，要么就是出纳、办公室文员，轻如鸿毛，没有存在感。

一定有很多人说不是啊，网络社会中，有很多自由职业可以选择，自己给自己当老板，自己安排自己的时间，一部手机就可以工作，收入不菲还清闲，一举两得。

所以，现在我刷朋友圈的常态，就是发出"啊！啊！咦？"的惊叹。

啊！她做了微商？

啊！她也做了微商？

咦？她怎么不做了，朋友圈变成家常菜？

咦？她怎么也不做了，三天可见的朋友圈，全是空白？

其实，那些不需要资本，还能让人轻轻松松赚到大钱的工作，都被收录到一本叫作《刑法》的书里面，除此之外，没啥选择。

从全职妈妈到自媒体工作者，惨痛的经历告诉我，自由职业者的意思，根本就是没有《劳动法》的保护，可以自由地上班到极限。一个连"996"都坚持不下来的人，绝对做不好"007"！

其实，她们只是不满自己的现状，想要抱怨两下，让老公和外人看到自己存在的价值，并没有决定下来，真的去改变自己的生活，活出自己的价值。

当然，我知道这个世界上，还存在很多真心想要改变自己人生的全职妈妈，可以不计报酬，不计付出，顶着压力，拼命努力，一定要找到自己生而为人的意义。

对于这些真正热切地回到职场的全职妈妈们来说，最大的难题则来源于无法保持下去的注意力。

曾经我看到过，有个心理测试题，一个全职妈妈在家里带着六个月的孩子，妈妈把孩子放下，因为想去洗手间，可就在这时，有人在敲门，微信语音电话也响起来，孩子开始哇哇大哭，而厨房里，飘出了焦味儿，火没关！现在的问题是，请问你会先做什么？

A.洗手间；B.开大门；C.接电话；D.抱孩子；E.关火。

我看了之后哑然失笑，这专门设计出来的、特别糟糕和紧急的情况，可不就是妈妈们的日常嘛，还是小菜一碟，现实往往更加骨感。

每个全职妈妈的心愿就是，希望哪天孩子不在家，能给自己留一整块时间，让自己可以不受打扰，专心致志地做件让自己有点成就感的事。

可事实上，当有天孩子们真的去上学了，整个屋子安静得如同坟墓，妈妈们才会发现，原来自己已经无法集中精力了。

打开电脑会想到，哎，水费没交；哎，明天要带饭；哎，保险要续了；哎，要不先去取衣服吧……

一天的时间一晃就过去了，什么也没有做，时光荏苒，毫无意义。

妈妈们最大的长处就是一心多用，而最大的短处也是一心多用。

全职妈妈走出家庭，重新在社会中寻找自己，这就像是一个打怪兽的电子游戏，一级连着一级，而且常常出其不意。

我一直在考虑一个问题，为什么人们总是把金钱的价值优于一个人付出的价值？

譬如说，这是个好妈妈，从孩子出生开始，每天都陪在孩子的身边，为孩子准备最有营养的绿色食物，一切以孩子的要求为出发点，结合最优化的育儿方式，培养孩子的兴趣，而且从不吼孩子……

譬如我们也可以说，这个超人妈妈是风云人物，年入上亿。

当然这是不切实际的。在今天的社会中，根据每个家庭的基础和需要，并不是每个妈妈都需要赚到人民币，可是每个妈妈都非常迫切地需要肯定自己的价值。

要知道那些神闲气定的惬意，从来都不是内心强大的人自己创造出来的，而是需要正面侧面、主观客观、重重叠叠的论证。

其实，在我看来，每个全职妈妈都可以走出一条属于自己的路，拥有自己的天地，而且就是因为曾经做全职妈妈的那些点点滴滴朝朝暮暮的磨砺，才更有希望弯道超车。

图书在版编目（CIP）数据

有实力，才有底气 / 卢璐著. — 北京：中国友谊
出版公司, 2021.1（2021.4重印）

ISBN 978-7-5057-5065-4

Ⅰ. ①有… Ⅱ. ①卢… Ⅲ. ①成功心理 – 通俗读物
Ⅳ. ①B848.4-49

中国版本图书馆CIP数据核字（2020）第230601号

书名	有实力，才有底气
作者	卢　璐
出版	中国友谊出版公司
发行	中国友谊出版公司
经销	北京时代华语国际传媒股份有限公司　010-83670231
印刷	北京盛通印刷股份有限公司
规格	880×1230 毫米　32 开
	9 印张　160 千字
版次	2021 年 1 月第 1 版
印次	2021 年 4 月第 2 次印刷
书号	ISBN 978-7-5057-5065-4
定价	45.00 元
地址	北京市朝阳区西坝河南里 17 号楼
邮编	100028
电话	（010）64678009